住房城乡建设部土建类学科专业"十三五"规划教材

高 校 建 筑 学 专 业 规 划 推 荐 教 材

BUILDING

CONSTRUCTION

建筑构造图解 （第二版）

胡向磊 编著

GRAPHICS

中国建筑工业出版社

序

建筑构造课程是建筑学及相关专业开设的基础课，是技术性较强和涉及面比较广的一门课程。构造课相对于其他专业基础课开课时间比较早，构造部分的内容多而杂，对于房屋建造知识了解甚少的学生而言，入门确实不容易。目前，构造的教学还存在着一些问题，如教材与实践脱节，构造理论没有系统化，教学手段有待更新等。学生毕业后，从事建筑设计工作时，往往会感到构造知识不足，不能很快承担具体设计工作。所以，胡向磊老师在进行建筑构造教学时，不断思考和总结经验，他受很多有丰富经验老师的教学思想启发，按"授之以鱼，不如授之以渔"的思路，完成了此教材。看到书稿后，我觉得他在总结前人和兄弟院校经验的基础上，对教材做出了很好的尝试和探索。

教材把建筑构造与建筑设计进行了整合。书籍贯彻构造设计作为建筑设计的继续和建筑概念实现手段这一基本思路，图文并茂地介绍了构造设计的原则、设计方法和设计过程。

本书对构造内容进行了整合。如把建筑分为骨与皮，分与合等内容，在学生实践和感性认知较为缺乏的情况下，有助于学生学习和理解相关知识。书中强调构造原理学习的作用，帮助学生分析构造实例，认识构造原理，这也是个很好的方法。在掌握构造基本原理和设计方法后，才能真正拥有属于自己的构造思路，才有可能在今后的设计实践中产生创新实用的构造设计。

本书也可以帮助学生主动拓展学习内容。书中提供相关网址、出版物供读者及时查询学习。

建筑构造是建筑技术与建筑方案之间的桥梁，学好建筑构造可以把先进的建筑技术融贯于设计中，提高建筑设计水平，使建筑具有更强的实用性及艺术性。

提供有效的教学资源是建筑构造教学的重要任务，本书做了创建性的工作，也希望胡向磊老师能在这条路上坚持走下去，在今后的工作中做出更大的成绩。

戴复东

中国工程院院士

同济大学建筑与城规学院名誉院长，教授，博导

—— Preface ——

—— 第二版前言 ——

本书第一版作为普通高等教育土建学科"十二五"规划教材于2015年出版。出版后不断收到老师和同学们宝贵的反馈意见，也获得同济大学优秀教材奖励。这是很大的鼓舞，也不断提醒本书需进一步完善。

多年来，国内高校不断探索建筑构造教学的新方法，本书吸收同行教学经验，探索通过图解方法，把设计概念、基本原理引导到构造学习中。新版第1~2章概括介绍构造设计的基本要素，第3~7章建筑材料和建造工艺是重点内容。其中建造工艺以原理引领，分别介绍了建筑结构、建筑选材、构件连接以及建筑工业化等。第8~11章立足于构造学习和创作，主要介绍构造设计方法及课外阅读拓展。

本版在第一版的基础上，对以下四个方面作了增补和修改：

1. 为了方便读者阅读，重绘了七十余幅例图，以使例图内容清晰、风格统一。并根据新颁布规范和规程，对书中部分内容进行订正更新。

2. 第4章增补了"绝热""防声"原理，加强同学对构造基本原理的理解，也使本章在理论上更完整。另外，为方便施教，增加部分例图文字解释，如"断热钢筋混凝土阳台"等概念。

3. 第8章增加了构造设计应用范例，以增强同学们应用基础知识、解决实际问题的意识。

4. 根据近年来建筑网站、公众号等的发展，对第11章阅读导引内容进行增删和调整。

本书修订参阅了国内外同行的相关教材和案例资料，借本书再版机会，对他们表示衷心的感谢，同时，恳请老师和同学们继续提出批评和建议！

本书配有课件PPT，教师可加QQ群849533893下载。

—前言—

　　建筑设计的一项主要内容是选择建造材料，并考虑如何把他们有效地组合在一起，为使用者提供舒适的庇护空间，而构造设计是完成这项任务的一个重要组成部分。通过建筑构造设计，可以弥补自然环境与使用者要求的健康生存环境之间的差异，很好地让使用者与自然之间进行对话与隔离。

　　回归建筑设计的本源，可以清楚地看到建筑构造之间有着清晰明确的物理关系，这种物理关系是建筑发挥作用的重要方式。如果我们把它与建筑创作放在一起，不难理解构造设计同样可以成为建筑师灵感源泉，通过构造设计，我们可以感受到技术带来的愉悦。

　　建筑构造是一门综合性、技术性较强的课程，本书是一本为建筑学及相关专业初学者而写的教辅读物。对于建筑学的同学，冗长的文字和数字也许是个障碍，为避免单一枯燥，本书尽量采用较多的图表。作者希望为同学提供基本的构造概念和设计思路，从而激励他们在面对构造问题的挑战时，拿出自己的解决方案。

—Contents—

第4章 骨与皮——结构与围护

第5章 上与下——楼梯与构配件

第8章　构造生成

第9章　构造学习

第10章　构造创作

第11章　阅读导引

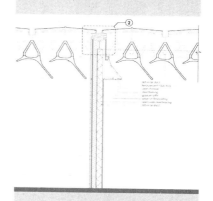

第 **1** 章

关于构造设计

"天有时，地有气，材有美，工有巧，合此四者，然后可以为良。"——《考工记》

建筑构造设计是建筑设计的一部分，是建筑设计的深入和继续，活跃在建筑设计各个阶段，为建筑设计提供了可靠的技术保证。

建筑构造设计需要综合考虑结构选型、材料选用、施工方法、技术经济、艺术处理等问题，需要掌握较扎实的建筑知识和灵活的设计技能。

对待构造问题，建筑师中有不同态度和方法，对一位成熟的建筑师来说，构造问题和空间设计一样，不是设计的障碍，而是创作的动力。

1.1 "构造"释义

（a）汉字

"construction"
or
"tectonics"

（b）英文

图 1-1 构造释义

汉字构造中的"构"是会意字，古字为"冓"，像两面对构屋架，意为架木造屋。"造"是汉字中的假借字，为"作"，是制造、制作的意思。英文对应"构造"的词有 construction 和 tectonics，前者涵义偏向工程建造，后者偏向制作艺术。construction 拉丁语词源是"construere"，"con–"是"结合"，"struere"指"堆起"，因此 construction 有组合、连接的含义。tectonics 源自希腊语"tekton"，指木匠或盖房子的人，后引申为制作或建造艺术，目前广泛译为"建构"。

建筑构造是研究建筑物的构成，各组成部分的组合原理和构造方法的学科。历史上建筑的风格千变万化，然而不变的是建造的规律。密斯·凡·德·罗曾说"建筑开始于两块砖被仔细地连接在一起"。从本源出发，建筑构造也可以认为是研究建筑材料如何选择、连接的一门科学，它解决建造的基础问题，为建筑创作的物化和细化提供依据和支持，是建筑设计综合解决技术问题能力的体现（图 1-1）。

对建筑构造的研究伴随着建筑的发展过程，中国先秦典籍《考工记》对营造宫室的屋顶、墙、基础和门窗的构造已有记述。宋代《木经》《营造法式》、清代工部《工程做法》等都有关于建筑构造方面的内容。国外公元前 1 世纪的《建筑十书》，文艺复兴时期的《建筑四论》和《五种柱式规范》等著作，均有当时建筑结构体系和构造的记述（图 1-2）。从 19 世纪开始，随着建筑材料、建筑结构、建筑施工和建筑物理等学科的成长，建筑构造技术得到极大的丰富、充实和发展。

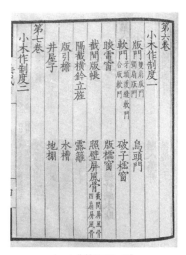

（a）《营造法式》

（b）《建筑十书》

图 1-2 介绍构造的古典书籍

《营造法式》和《建筑十书》是古代东西方建筑设计与施工经验的集合与总结，对后世产生了重要影响。《营造法式》共计 34 卷 5 个部分：释名、各作制度、功限、料例和图样，前面还有"看样"和目录各 1 卷，介绍了石作制度、大木作制度、小木作制度、瓦作制度、泥作制度、彩画作制度等；《建筑十书》共 10 卷，包括建筑师的教育、建筑材料、室内装修构造及壁画、机械学和各种机械等等。

1.2 构造知识与构造设计

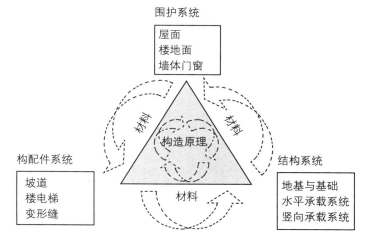

图 1-3 建筑构造系统内容

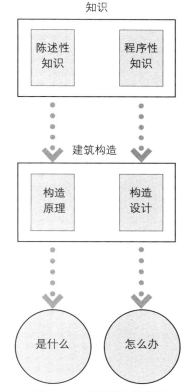

图 1-4 建筑构造知识结构

构造原理主要讲授从基础、墙、楼地面、楼梯、屋面到门窗等基本构件的构造原理,记忆内容繁多,这部分属陈述性知识。构造设计是构造课程中的程序性知识,也是建筑师的基本技能,即把方案阶段的空间形象延续到施工建造的实体的技能,在这个阶段,建筑师需提供符合安全、经济、美观的构造技术方案,以作为解决技术问题、绘制细部详图的依据。构造设计训练的重点是认识问题、分析问题、解决问题的方法和创新能力。

从建筑承担的基本功能角度分析,建筑可划分为结构系统和围护系统两大部分。结构系统由承担荷载的基础、墙体、柱、楼板、屋顶等组成;围护系统包括满足保温、隔热、防水、防潮、隔声、防火等围护功能的楼地面、墙体构造层及门窗、隔断等。另外,建筑构造系统还需解决一些附属功能,如为解决竖向交通布置的楼电梯和坡道等,这些属于建筑构配件系统(图 1-3)。

我们所学习的知识一般分为陈述性知识(Declarative Knowledge)和程序性知识(Procedural Knowledge)。陈述性知识描述客观事物的特点及关系,是关于"是什么"的知识。陈述性知识的学习主要是记忆。程序性知识则是关于操作步骤和过程的知识,用来解决"如何做"的问题。程序性知识的获得首先是通过对陈述性知识的了解掌握,与陈述性知识相比,程序性知识学习速度较慢,但遗忘也慢。建筑构造课程涉及建筑材料、建筑物理、建筑结构、建筑施工、建筑经济等内容,由构造理论和构造设计两部分组成,分别具有陈述性知识和程序性知识的特点(图 1-4)。

建筑构造课程的一个显著的特点是内容庞杂、涉及面广,有较强的综合性和实践性。

1.3 示例说明

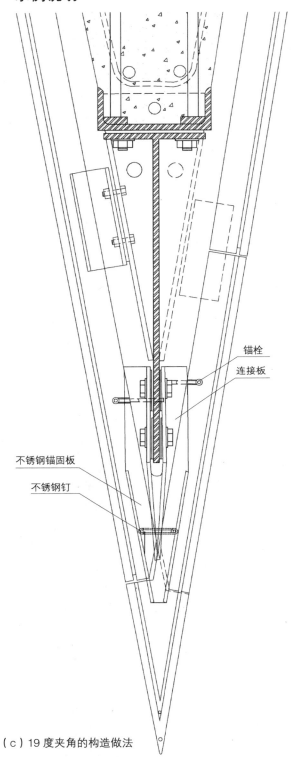

锚栓
连接板

不锈钢锚固板

不锈钢钉

（c）19度夹角的构造做法

图1-5 华盛顿国家美术馆东馆外墙细部构造

（a）总平面图

（b）著名的19度夹角

　　贝聿铭设计的华盛顿国家美术馆东馆平面具有严格的几何对位关系，为了表达几何机制的精确性，设计阶段需认真考虑建筑构造问题，以保证几何性得到理想的体现。从著名的19度夹角构造详图可以看出，为了获得方案所追求的效果，建筑师在构造设计上煞费苦心（图1-5）。这片被无数观光者用手尝试锋利程度的"刀刃"没有使建筑师失望，构造设计过程中付出的劳动得到公众的认可。

1.4　构造知识的学习

图1-6　同济大学文远楼改造施工现场

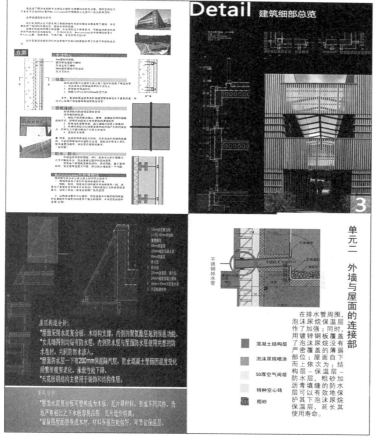

图1-7　同济大学建筑构造课程作业

1.4.1　以基本原理为主要线索，重视基础知识记忆，了解"是什么"

作业：

观看施工录像或参观施工工地，用文字或草图描述建造过程，绘制建筑构造"解剖图"（图1-6）。

1.4.2　以具体案例为解剖对象，尝试构造设计改进，解决"如何做"

作业：

（1）搜集现代建筑细部设计资料，分析其建造目标和实现手法。尝试采用不同材料替换，分析其可能结果（图1-7）。

（2）实地调研附近已建成建筑，寻找可能存在的构造问题（如渗漏，面层脱落等），尝试提出改进建议。

1.4.3　与课程设计课结合，由重点到综合，尝试"做得好"

作业：

根据课程设计方案，选择典型部位，绘制从屋面到基础外墙构造详图，比例1:20。

1.5 构造设计的问题与答案

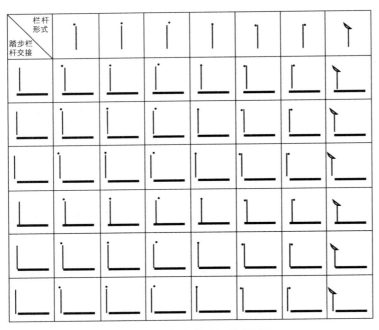

图 1-8 不同栏杆做法组合（剖面）

1.5.1 建筑构造设计问题

问题总是无穷无尽的，存在无数个不同的答案，设计问题不能被全面地规定。楼梯栏杆的存在是为了人的安全，它和楼面固定在一起，需一定的高度，建筑规范可以给我们部分答案，除此之外，人们需用手支撑栏杆上的扶手，还要考虑扶手的舒适性，而且，栏杆与踏步的相对关系对视觉效果有一定影响。扶手如何选材，栏杆如何固定，根据上述基本要素的不同组合，可产生无数种栏杆做法，对这样的问题，从来没有一个可以穷尽所有可能的答案（图 1-8）。

1.5.2 设计问题没有最理想的答案

设计几乎总是包含着妥协的方案。有时设计目标之间可能直接抵触，可以说，设计问题没有最理想的答案，每一个答案都可能使不同的人在不同方面满意或不满意。比如，外墙保温常用内保温或外保温构造。外墙内保温成本低，施工速度快，技术较成熟，但内保温易形成冷桥，墙面不能吊挂，占用实际使用面积，容易产生内墙体发霉。外墙外保温避免了内保温方法的缺点，但保温层热胀冷缩比内保温大，易出现裂缝，质量不易保证。因此内保温和外保温构造各有优势（图 1-9）。对建筑师来说，没有一个完美的答案，建筑师无法兼顾所有问题。

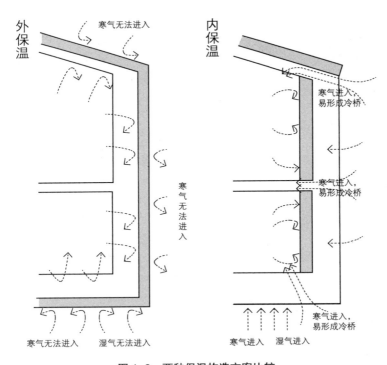

图 1-9 两种保温构造方案比较

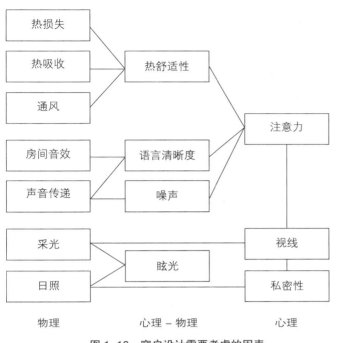

图 1-10 窗户设计需要考虑的因素

1.5.3 关键是你最关心什么

窗户是室内外空间分隔的活动构件。窗户要允许光线的进入，需要一定的隔声能力，但为了取得更好的观景效果，开窗面积需变大，这会带来较多热损失和较高造价，隔声和私密性也受影响。窗户尺寸的变化带来窗户物理性能和人心理影响的变化（图 1-10）。是节能重要，还是景观重要？**在找到答案之前，首先应该判断什么是你最关心的问题。**

1.5.4 构造设计何时开始

构造设计通常是建筑方案、初步设计的深入和继续，多数情况下，**构造详图推敲定稿是在施工图设计阶段，但有时构造做法的可行性在设计之初就需探讨**，因为一些建筑细部做法可能是整个设计的切入点，或对总体设计起到控制性作用。彼得·卒姆托设计的布雷根兹美术馆外观轮廓极为简洁，但有着复杂的表皮。外墙玻璃板倾斜排列的独特构思，在草图阶段就已经存在。玻璃板诗意的组装，使外墙立面获得丰富的阴影变化和感光层次，建筑空间并不复杂，但由于采用了非常规构造及尺度控制质感，无可挑剔的精致让人感动（图 1-11）。

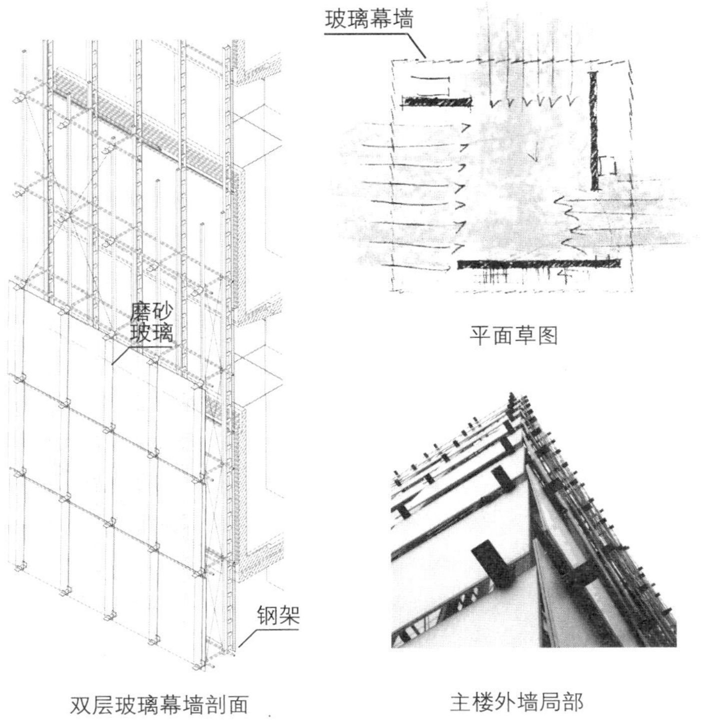

图 1-11 从构造开始的设计
布雷根兹美术馆透气的双层玻璃幕外层采用钢架支撑，稍有倾斜的鳞片状磨砂玻璃板之间相互错接并留有空隙，构造构思从方案之初就已开始。

第 **2** 章

从了解制约要素开始

通常，我们无法改变外部环境，因此它们形成了主要的也是最基本的对构造的限制。每一个地方都具有独特和唯一的外部环境。

"限制"激励自由。在设计过程中，建筑师通过对"限制"进行分析，把"限制"作为设计的动力，通过了解"限制"，有时可以发现意想不到的东西，以此为契机，寻找出合理的回应。

2.1　构造设计中的环境限制

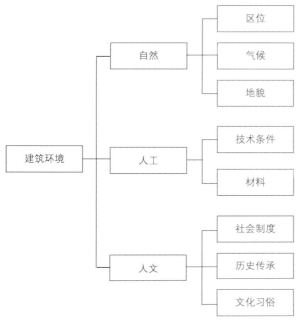

图 2-1　建筑环境的基本划分

从环境的类型可以将其分为自然环境、人工环境和人文环境。自然环境涉及的范围，在建筑设计领域主要包括区位、气候、地貌等；人工环境是人类对自然环境的改造过程中形成的包含物质社会和生物社会的人造环境系统，从建筑构造角度主要有经济技术条件、材料等；人文环境是一种精神意义上的环境形态，涉及社会制度、历史传统、大众情感、文化习俗、民族心理等（图 2-1）。

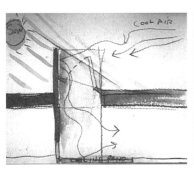

图 2-2　勒·柯布西耶的马赛公寓概念草图与建筑遮阳

自然环境是建筑设计的必要考虑因素，建筑设计要发现自然环境的有利方面，或尽量减少建筑与自然环境的冲突。

勒·柯布西耶的马赛公寓在立面处理上，考虑了居住与日光的关系，富于韵律感的网格构图具有很好的遮阳效果（图 2-2）。

斯蒂文·霍尔在普蓝纳住宅设计中，外围墙体几乎没有可以打开的窗户，但屋面天窗与下端水池相连，阳光引入室内，室内通过池水冷却空气，模拟自然界大气循环，让热空气从天窗排出，以达到在干燥的沙漠地区调节室内温湿度的目的（图 2-3）。

图 2-3　斯蒂文·霍尔的普蓝纳住宅概念草图与对流天窗

2.1.1 自然环境的限制——室外环境制约要素

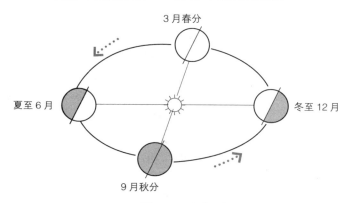

图 2-4 地球的轨道

气候一词源自古希腊文，意为倾斜，指各地气候的冷暖同太阳光线的倾斜
程度有关。

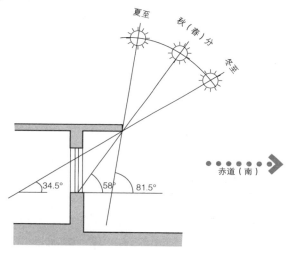

图 2-5 采光与遮阳

严寒地区 典型城市：克拉玛依，乌鲁木齐，伊宁	严寒地区 典型城市：哈尔滨，呼和浩特，沈阳	
寒冷地区 典型城市：敦煌，喀什，吐鲁番		
严寒地区 典型城市：格尔木，那曲，西宁	寒冷地区 典型城市：北京，兰州，西安	
寒冷地区 典型城市： 康定，拉萨，林芝	温和地区 典型城市： 贵阳，昆明，西昌	夏热冬冷地区 典型城市：成都，桂林，上海
		夏热冬暖地区 典型城市：福州，海口，南宁

图 2-6 中国建筑热工设计分区典型城市示意图

太阳辐射

地球上气候的形成，是由太阳辐射对地球的作用决定的。风、降水等外部环境要素的形成主要取决于太阳对地球的辐射，掌握太阳对地球运动的规律和对地球环境作用的机理，是处理建筑环境问题的基础（图 2-4）。

遮阳设施一方面可阻挡直射阳光，防止眩光，有助于正常工作，但遮阳又有挡光作用，降低了室内照度，尤其是阴天更为不利。太阳相对运动是天然采光与遮阳的设计依据。采光、遮阳设计与太阳高度角和太阳方位角都有关系（图 2-5）。

热工分区

不同的气候条件对房屋建筑设计提出了不同的要求。为了满足炎热地区的通风、遮阳、隔热需要和寒冷地区的采暖、防冻和保温的需要，明确建筑和气候两者的科学联系，我国从建筑热工设计的角度，将全国建筑热工设计分为五个分区，其目的在于使民用建筑（包括住宅、学校、医院、旅馆）的热工设计与地区气候相适应，保证室内基本热环境要求（图 2-6、表 2-1）。

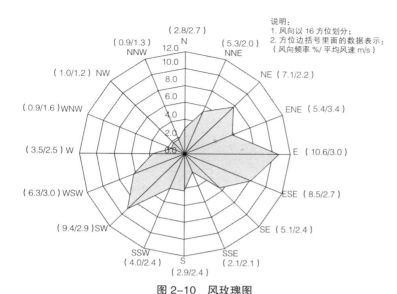

说明:
1. 风向以 16 方位划分;
2. 方位边括号里面的数据表示;
（风向频率 %/ 平均风速 m/s）

图 2-10　风玫瑰图

在极坐标底图上点绘出的某一地区在某一时段内各风向出现的频率或各风向的平均风速的统计图。风玫瑰图上所表示风的吹向，是指从外部吹向地区中心的方向。各方向上按统计数值画出的线段，表示此方向风频率的大小，线段越长表示该风向出现的次数越多。

风的影响

风是太阳能的一种转换形式，高气压的大气流向低气压，这种有压力差产生的空气流动即称为风（图 2-10）。

风既可以为人们所用，也会给人造成危害。建筑风环境的控制既包含建筑通风也包含建筑防风。建筑通风设计包括：利用通风进行换气；夏季引导室外凉爽的气流进入室内，利用通风对建筑构件等进行除湿；利用气流带走热量以利隔热。防风则包括：对空气流速和流向等进行控制，阻止室内不良气流对人体舒适度的损害；避免过大风荷载；阻止不良空气倒灌，保证室内空气品质（图 2-11、图 2-12）。

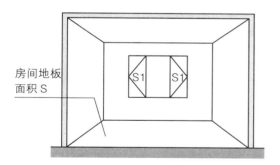

生活、工作的房间通风开口的有效面积 2S1 ≥ S/20

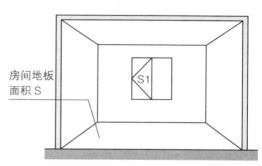

厨房通风开口的有效面积 S1 ≥ S/10 ≥ 0.60m²

图 2-11　自然通风空间通风开口面积

换气的种类	给气	排气
第一种机械换气	2	4
第二种机械换气	2	3
第三种机械换气	1	4
自然换气	1	3

图 2-12　换气的种类

一般的建筑通风是指借助风力而构成的换气，户外风速超过 1.5m/s，风力可促成自然换气。普通的建筑物只要注意门窗的位置、面积和开启方式通常就可以达到自然的通风效果。通风必须有动力，利用机械能驱动空气的称为机械通风，利用自然因素形成的空气流动称为自然通风。自然通风关键在于室内外存在压力差，热压作用或风压作用可形成压力差。

2.1.2 自然环境的限制——室内环境制约要素

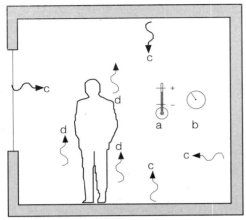

a– 室内空气的温度
b– 室内空气的相对湿度
c– 封闭房间的建筑构件的表面温度
d– 通过人体的气流

图2-13 室内气候

室内气候因素变量与地区、习惯、衣着、阳光、活动和个人感觉一起，共同决定热舒适程度。

人的大部分工作和生活时间都在室内度过，人对室内环境的舒适感受是一个综合的主观判断，影响舒适感受的因素往往与心理感受相关，如热感觉、声感觉、视觉等，还有一些其他因素，如室内的安全感、工作的适应程度和个人情绪等。各因素间存在相互影响，共同对人身心健康和工作效率发挥作用（图2-13）。

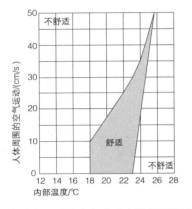

与空气温度和空气流动有关的舒适域

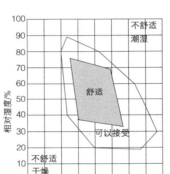

与空气温度和相关湿度有关的舒适域

热舒适度

热舒适是人们对室内气候满意程度的感受。室内气候与人体主观感受和生理反应之间关系非常复杂，通常在某些范围内，被称作"舒适区"。这些变量没有固定目标值，彼此互相依赖（图2-14）。

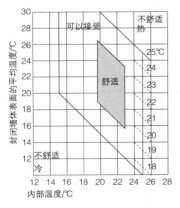

与空气温度和封闭墙体表面平均温度（只有极小的差别）有关的舒适区域

适用范围：1. 相对湿度在30%～70%之间；2. 空气流动速度在0～20cm/s之间；3. 封闭房间的所有表面的温度基本相等，温度范围在19.5~23℃之间

图2-14 舒适区范围

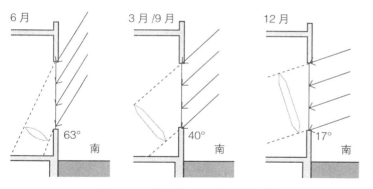

6 月   3 月 /9 月   12 月

63°   40°   17°

南   南   南

图 2-15 通过开口的太阳辐射入射角

采光估算表   表 2-3

房 间 名 称	窗 地 比
卧室、起居室、厨房	1/7
厕所、卫生间、过厅	1/10
楼梯间、走廊	1/14

窗地比是直接采光房间的窗洞口面积与该房间地面面积之比，可作为建筑方案阶段对采光进行估算的标准。

光环境

照明对人心理和工作效率的影响不容忽视。营造优良的室内光环境主要通过天然采光和人工照明。太阳全光谱辐射是人们生理和心理长期感到舒适的重要因素，充分利用天然光照明，可以获得较高的视觉功效。由于天然采光受到时间和地点限制，人们也需要人工照明来创造光环境（图 2-15、表 2-3）。

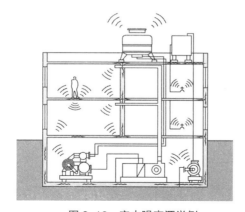

图 2-16 室内噪声源举例

声环境

凡是干扰人们休息、学习和工作的声音，即不需要的声音，统称为噪声。室内声环境污染主要来源于两方面：一是室外交通噪声、施工噪声、工业噪声等；二是建筑室内噪声，主要是生活噪声及电气设备、管道等噪声，如给水、排水和卫生设备噪声，电梯噪声、水泵噪声以及电器噪声等（图 2-16）。

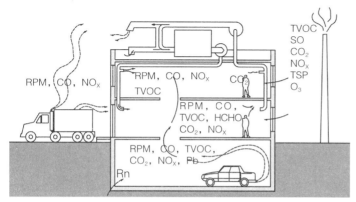

图 2-17 室内空气质量污染

CO——一氧化碳；CO_2—二氧化碳；HCHO—甲醛；NO_x—氮氧化物；Pb—铅；RPM—可吸入颗粒物；TVOC—挥发性有机化合物；Rn—氡；O_3—臭氧

室内空气质量

室内空气质量是用来指示环境健康和适宜居住的重要指标。主要的标准有含氧量、甲醛含量、水汽含量、颗粒物等，是一套综合数据。"空调病"或"病态建筑综合征"与室内空气品质不良有关，具体原因在于新风量不足或装修材料导致化学污染（图 2-17）。

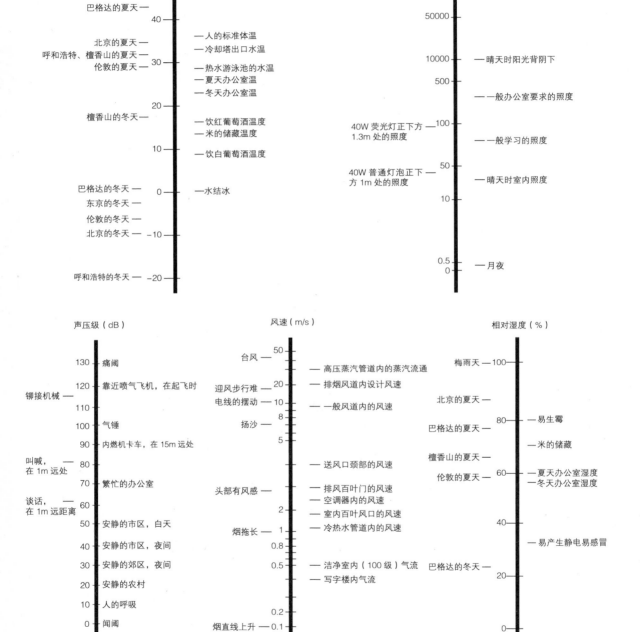

图 2-18　具有代表性的环境指标

2.2　人工环境的限制

图 2-19　社会责任

建筑师的作品承载着社会责任，大多数建筑的使用价值要远大于它的艺术价值，正是这使用价值的重要，决定大多数建筑师在有限资源的条件下为大众设计"普通"的建筑。

人工环境

　　人工环境是指在自然环境的基础上人工改造形成的环境。人工环境包括经济条件和建材工业发展水平及施工水平等（图 2-19）。

图 2-20　经济因素

建筑的经济性不仅是建设成本多少的问题，同时还要全面地分析建筑消耗、合理平衡建设成本和消费成本。

经济条件

　　任何时期、任何形式、任何规模的建筑都离不开经济条件的约束，经济对建筑有着极大的制约作用。设计阶段是确定建筑造价的主要阶段，工程标准、功能等内容均在建筑设计阶段被具体化，建筑设计很大程度决定着一个工程项目的最终资金投放量（图 2-20）。

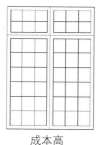
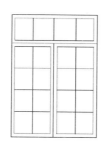
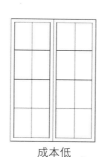

成本高　　　　　　　　　　　　　　　　成本低

图 2-21　寻找合理性价比

以最低的成本建造出符合要求的建筑才是最经济的。在建筑设计中融入经济性理念，也就是在设计时既要考虑功能上的需要，又要考虑成本的支出。价值又称性价比（V=F/C，V 为价值，F 为功能，C 为成本），上图对窗框划分进行分析比较，在满足功能的前提下，应尽量选择价值或性价比最高的设计。

　　不同构配件材料及连接方式会对建筑成本产生不同的影响。合理的构造方式不仅可以充分发挥材料特性，避免浪费，节约造价，还可以加快施工速度，缩短工期，降低成本。因此，建筑师需要掌握建筑的构造方法，通过减少统一构件规格、提高其性能、采用地方材料及适用技术等达到节约材料、提高质量和降低造价的目的（图 2-21）。

建材工业

建筑是材料的艺术，建筑材料的更新是新建筑形式出现与发展的基础。**选择合适的材料，获得感人的细部离不开一个国家的建材工业发展水平。**我国是世界上最大的建筑材料生产国和消费国，主要建材产品水泥、平板玻璃、建筑卫生陶瓷、石材和墙体材料等产量多年位居世界第一位，这为建筑质量的整体提升和建筑师创作打下了一定的物质基础（图2-22）。

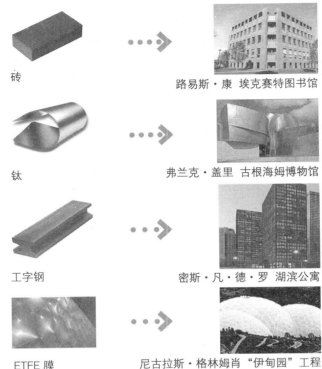

砖　　路易斯·康　埃克赛特图书馆

钛　　弗兰克·盖里　古根海姆博物馆

工字钢　　密斯·凡·德·罗　湖滨公寓

ETFE 膜　　尼古拉斯·格林姆肖"伊甸园"工程

图 2-22　材料与建筑的结合

许多 20 世纪现代主义建筑大师促成了材料和外形之间某种确定的关系。我们看到某些材料，就能够联想到大师们用这些材料创作的标志性作品。

施工技艺

设计从图纸走向现实离不开施工技艺。人们总是使用当时可以利用的施工手段实现建筑物的营造。埃及金字塔如果没有测量知识和运输巨石的技术手段无法建成，同样，没有 GPS 定位仪和计算机数控机床，弗兰克·盖里的毕尔巴鄂古根海姆博物馆也不可能实现。**建筑师设计时应对施工技术条件有正确估计，了解工艺体系和施工工法，考虑施工便利、易于实行，并在施工过程中将它们紧密配合**（图 2-23）。

中国传统测量器具真尺用作定直和定平

数字水准仪用作不规则柱网施工

图 2-23　施工技艺的进步

建筑师是在可行的施工技术条件下进行创作的，施工工具扩展了建造者的技能，延长了人体操作范围，改变了建造方法。施工工具的进步，为建筑创作拓展了广阔空间。

2.3 人文环境的限制

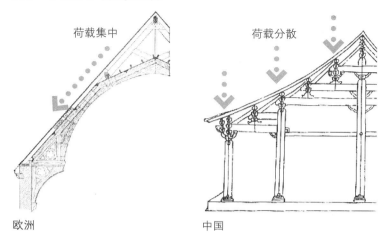

荷载集中

荷载分散

欧洲

中国

图 2-24 传统建筑的坡屋顶

人文环境

人文环境是一种精神意义上的环境形态，涉及社会制度、历史传统、大众情感、文化习俗、民族心理等。构造设计是建筑文化的一部分，同样受到人文环境的影响，如中国和欧洲传统建筑的坡屋顶虽然功能基本相同，但构造做法差异很大，从中可以体会到两种不同的建筑文化（图2-24）。

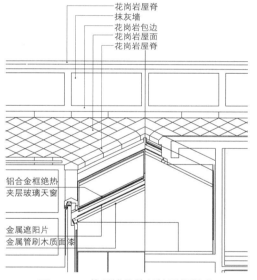

花岗岩屋脊
抹灰墙
花岗岩包边
花岗岩屋面
花岗岩屋脊

铝合金框绝热夹层玻璃天窗

金属遮阳片
金属管刷木质面漆

图 2-25 苏州博物馆新馆局部做法

构造做法反映建筑的基本建造背景和逻辑，优秀的建筑会给我们大量的信息。苏州博物馆新馆由贝聿铭设计，屋顶形式的灵感来源于苏州传统飞檐翘角坡顶，玻璃和石屋顶的做法也源于地方传统屋面构造，只是木梁和木椽构架被现代开放式钢结构取代。玻璃屋顶下，金属遮阳片和怀旧的木纹漆钢构架过滤着光线，进入活动区域和展区的是柔和的自然光（图2-25、图2-26）。

简单几何形是贝聿铭善用的空间语言，当它与简化的传统建造元素组合，便可以创造出充满中国味道的空间氛围。

图 2-26 苏州博物馆新馆室内

2.4 建筑法规和标准图集

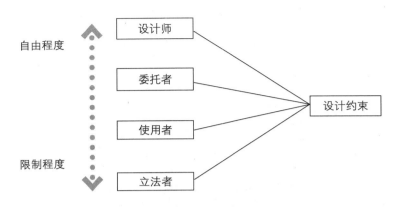

图 2-27 设计约束的产生

建筑师的设计要受到一系列外界环境的约束，其中法律法规的约束最为严格，正式文件（如图纸）需承担相应法律责任。

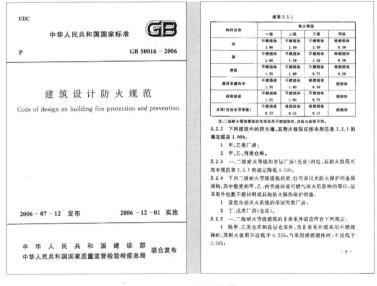

图 2-28 建筑规范

工业革命后，欧洲各国开始制订各种现代意义上的建筑设计规范。20 世纪 50 年代，我国建筑工程部编订了《民用建筑设计通则》，并开始制定各类建筑设计规范。1984 年，城乡建设环境保护部成立了民用建筑设计标准审查委员会，组织民用建筑设计规范的编制和管理。随着建筑活动的发展和深化，工程建设标准管理部门会进行标准规范制订、修订和废止工作。规范经正式颁布后，建筑师应严格执行。

建筑法规

建筑法规分为法律、规范和标准三个层次，法律主要涉及行政和组织管理，规范侧重于综合技术要求，标准则偏重于单项技术要求（图 2-27）。

建筑规范

建筑规范是国家和地方制定的衡量建筑技术标准的唯一指标，也是建筑师进行设计的主要技术和法律依据。目前，建筑规范技术要求主要包括建筑设计、建筑结构、建筑物理、建筑电气、建筑暖通与空调、建筑施工技术等（图 2-28）。

建筑标准

建筑标准包括国家标准、行业标准、地方标准和企业标准。国家标准指在全国范围内需要统一或国家需要控制的工程技术标准，如《公共建筑节能设计标准》GB50189-2005。行业标准指没有国家标准，需要在全国某行业内统一技术要求制定的标准，如《外墙外保温工程技术规程》JGJ144-2004。地方标准指在没有国家标准、行业标准的情况下，地方统一技术要求制定的标准。企业标准指企业范围内协调、统一技术和管理所制定的标准（图 2-29、表 2-4）。

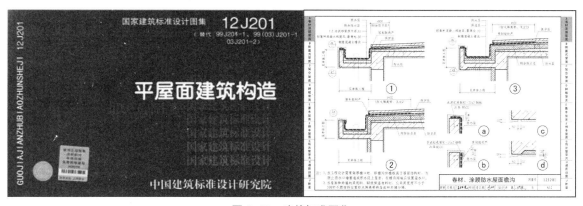

图 2-29　建筑标准图集

建筑标准设计是工程建设标准化的组成部分,也是建筑工程领域重要的通用技术文件。采用标准设计可以提高设计效率,推广先进技术和促进建筑工业化的发展,同时也是学习建筑构造基础知识的可靠参考资料。建筑标准图集是建筑标准设计的具体体现,是按照建筑工程标准、规范要求设计出版的具有通用性的建筑物、构筑物、构配件的施工图。我国标准图集有建筑、结构、给水排水、供暖通风、电气照明、动力设施等不同内容,分为国家和地方标准设计两大类。国家标准图集是指跨地区在全国范围内使用的标准设计,由全国工程建设标准设计领导小组组织专家委员会论证、审定;地方标准设计由相应的技术委员会论证、审定;各设计部门也可编制本部门标准图集。新技术、新产品经论证后编制标准设计图集,通常会被认为是技术走向成熟的标志之一。

常用的国家标准构造图集　　　　　　　　　　　　表 2-4

墙体构造	10J121 外墙外保温建筑构造	楼梯构造	15J403-1 楼梯栏杆栏板		
	11J122 外墙内保温建筑构造				
	13J502-1 内装修 – 墙面装修				
	J111~114 内隔墙建筑构造				
	13J103-7 人造板材幕墙				
	10J301 地下建筑防水构造				
楼地层构造	J909、G120 工程做法	门窗构造	03J603-2 铝合金节能门窗		
	12J502-2 内装修 – 室内吊顶		12J609 防火门窗		
	13J502-3 内装修 – 楼地面装修		06J506-1 建筑外遮阳		
	16J502-4 内装修 – 细部构造		16J607 建筑节能门窗		
屋面构造	12J201 平屋面建筑构造 09J202-1 坡屋面建筑构造 03J203 平屋面改坡屋面建筑构造	综合构造	07J905-1 防火建筑构造(一)		
			06J123 墙体节能建筑构造		
			06J204 屋面节能建筑构造		
			16J908-7 既有建筑节能改造		
			12J926 建筑无障碍设计		

图集提供构造的基本做法,但并不说明解决问题的过程,初学者可以在掌握基本原理的情况下,从分析图集中的做法开始积累经验,这会对以后处理特殊的构造问题,提升建筑技艺打下良好基础。

2.5 限制与自由

中国古代诗歌严格讲究对仗、平仄、押韵、秩序的"格律"限制，产生过无数杰出的诗人，创造出难以计数的优美诗篇。它们一脉相承，而又风格迥异。构造设计与诗歌创作一样，也是基于限制寻找自由的过程，把握自由与限制之间的平衡是设计的关键。

登 高
唐·杜甫

平入平平平去平，上平平入上平平。
风急天高猿啸哀，渚清沙白鸟飞回。

平平入入平平去，入上平平上上平。
无边落木萧萧下，不尽长江滚滚来。

去上平平平去入，入平平去入平平。
万里悲秋常作客，百年多病独登台。

平平上去平平去，上上平平入上平。
艰难苦恨繁霜鬓，潦倒新停浊酒杯。

杜甫的七言律诗《登高》是运用格律的巅峰之作，这首律诗完全遵守"格律"要求，在这样严格的限制下，诗人达到了作品表达情感的目的。

美国加州多纳米斯葡萄酒厂是赫尔佐格和德梅隆的作品。当地气候日夜温差很大，适合酿酒用的葡萄生长，但对酒的储存和酿造不利。赫尔佐格和德梅隆使用当地特有的玄武岩石材作为外墙蓄热材料，白天吸收热量，晚上将热量释放出来，这样可以使白天和夜间的温差平衡。当地采集到的石块非常小，无法直接使用，于是他们把形状大小不规则的石块装到金属编织"笼子"里，把这些"砌块"挂到混凝土外墙和钢构架上，形成新的表皮。大师们采用廉价地方材料，巧妙化解了气候对葡萄酒储藏的限制，展现了新的建筑表皮处理手法，获得了游刃有余的自由（图2-30）。

钢结构

混凝土墙

石笼墙

地震缝

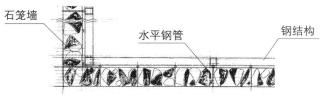

石笼墙　　　水平钢管　　　钢结构

图2-30　加州多纳米斯葡萄酒厂石笼墙

加州位于地震区，石笼通过水平钢管和主体结构固定。在石笼墙底部，为防止老鼠吸引响尾蛇筑巢，采用了更密的金属网。

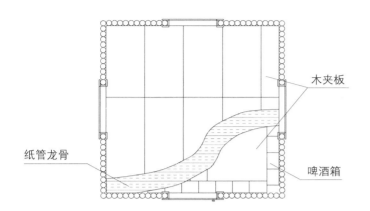

图 2-31　灾后临时住房平面图

基础：啤酒箱组成田字形架
地坪：上下木夹板中间纸管填充

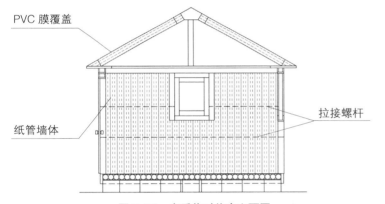

图 2-32　灾后临时住房立面图

墙体：纸管并排形成墙体，管间填防水海绵胶带，为保持墙体稳定性，在纸管内植入拉接的螺杆，螺杆收紧利于减小纸管间空隙。
屋架：纸管与木夹板节点组合，以相互卡接的方式形成空间结构。
屋面：白色的 PVC 薄膜覆盖，薄膜可根据天气情况调节闭合。

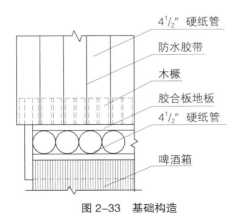

图 2-33　基础构造

建筑师坂茂长期致力于临时建筑的研究，并将其成果运用在灾后建筑。灾后"非常"时期，材料、人工、造价都受到很多制约，坂茂的房屋用纸管、木板等普通材料建造，构造简单、搭建方便，适合普通人自建。坂茂房屋在实践中得到了验证，达到了救灾的目的，板茂也在用自己的行为说明即使在自然灾害的"限制"下建筑师同样可以创造出独特的作品（图 2-31~ 图 2-33）。

随着建筑材料、技术的发展，以前被限制的构造元素得到一定自由。建筑构造可以在满足基本的功能要求外，更多地参与建筑形式的塑造，表现其扩展功能，展现"构造的诗意"。在这个过程中，建筑师仍应从现实条件出发，尊重气候、材料、施工条件、造价等基本限制因素，通过职业技能和热情努力，达到限制与自由之间的平衡。

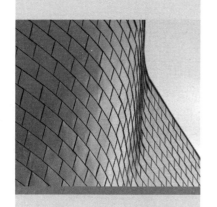

第 **3** 章

本与真——材料的选择

　　在建筑材料的诸多属性中，一些可被人的感觉器官直接感知；另一些，如力学性质，则需要通过自然科学规律来作抽象、归纳和总结，从而被人间接感知。对于建筑材料而言，那些能被人直接感知的属性会对人的空间感受产生直接的影响；不能被人直接感知的属性则影响着构造设计和建造方式。

3.1　材料的发展

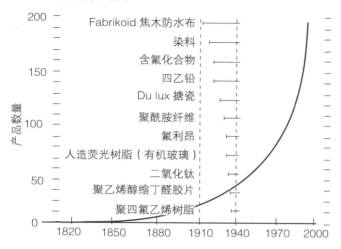

图 3-1　美国杜邦公司生产材料种类的增长

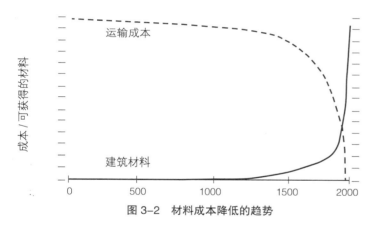

图 3-2　材料成本降低的趋势

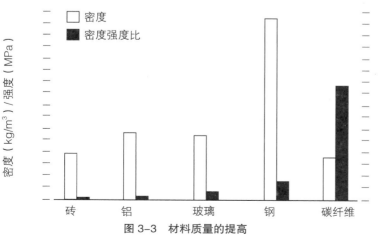

图 3-3　材料质量的提高

建筑材料技术进步最显著特点之一是轻质高强结构材料的应用。相同的房屋，采用钢结构比砌体结构重量轻、用料少且施工迅速。

3.1.1　建筑材料的爆炸式发展

建筑是具有某种空间特质的实体，这个实体可以由匀质的单一材料组成，也可以由复杂的多种材料组成。十几个世纪以来，建筑的材料和方法都是比较有限的。19 世纪中期以前，绝大部分建筑材料是基地附近的自然材料，如黏土、石材、木材、稻草、砖以及常见金属。19 世纪中期以后，材料科学和运输技术的发展使可供使用的建材种类呈指数级增长（图 3-1~ 图 3-4）。

3.1.2　选择适合于你的建筑材料

建筑材料的诸多属性中的一些可被人的感觉器官直接感知；另一些，如力学性质，则需要作抽象归纳和总结，被人间接感知。除美学性能外，对常用建筑材料的基本性能，从构造角度应作如下了解：通过材料的力学性能判断受力是否合理；通过材料的物理性能，如防火、防水、绝热、透光等，判断是否符合使用场所的要求；通过材料的加工性能，如切割、刨锯、钉入等，判断构件间的连接是否合理。

材料本身并无高低之分，建筑师可以挖掘各种材料性能，对其构筑技术做出真实和率直的表达。

外墙材料：

E.1 面砖
E.2 预制混凝土
E.3 玻璃纤维增强混凝土
（CFRC）
E.4 预制金属板
E.5 金属板上的粉饰灰泥
E.6 外墙绝缘和饰面系统
（EIFS）
E.7 红砖
E.8 金属夹心板
E.9 混凝土砌块
E.10 薄浆
E.11 石材

隔热和隔声绝缘材料：

T.1 R___ 矿棉绝缘材料
T.2 R___ 硬质绝缘材料
T.3 R___ 半硬质绝缘材料
T.4 斜削绝缘材料
T.5 吸声毡
T.6 防火绝缘材料
T.7 喷涂耐火材料

防水材料：

W.1 防水膜
W.2 防水板
W.3 防水密封材料
W.4 地下排水垫
W.5 多孔排水管
W.6 混凝土垫层
W.7 挡水膜
W.8 过滤织物

防潮材料：

D.1 石膏护墙板
D.2 15 号油毡
D.3 金属泛水
D.4 地下排水垫
D.5 防潮层
D.6 滴水
D.7 挡水膜

内墙材料：

G.1 ____ 石膏板
G.2 ____ "X" 形石膏板
G.3 金属隔板
G.4 护栏
G.5 槽形副龙骨

外墙门窗洞：

F.1 铝幕墙
F.2 固定窗
F.3 沿街正面
F.4 承重型玻璃系统
F.5 结构硅树脂系统
F.6 双悬窗
F.7 单悬窗
F.8 门式窗
F.9 通风翻窗
F.10 遮篷式窗
F.11 隔热隔声玻璃
F.12 浮法玻璃
F.13 低辐射玻璃
F.14 钢化玻璃
F.15 夹层玻璃
F.16 钢丝网玻璃
F.17 窗台
F.18 金属镶边
F.19 钢框架
F.20 空心金属门
F.21 卷升门
F.22 组合式门

屋面：

R.1 一层屋面
R.2 组合屋面
R.3 挡水膜
R.4 屋面金属泛水板
R.5 固定焊缝屋面
R.6 排水沟
R.7 水落管
R.8 雨水斗
R.9 溢水管
R.10 屋顶排水口
R.11 通行垫
R.12 天窗
R.13 遮篷
R.14 绝缘边缘板
R.15 金属盖板
R.16 预制盖板
R.17 石盖顶
R.18 墙上金属槽口

结构：

S.1 钢筋混凝土
S.2 结构钢
S.3 角钢
S.4 无连接过梁
S.5 过梁砌块
S.6 支撑
S.7 钢龙骨
S.8 膨胀螺栓
S.9 砌体锚定件
S.10 梯式钢筋
S.11 锚固件

图 3-4 美国一家建筑设计公司图纸中的材料术语清单

引自美国建筑师弗雷德·纳希德指定的外围护术语清单。从这张普通外墙的术语清单上可以看出，建材工业的发展给建筑师带来材料的盛宴，建筑构造也趋向复杂和精密。了解这些常用材料并正确运用是对职业建筑师的基本要求。

3.2　选择绿色建材

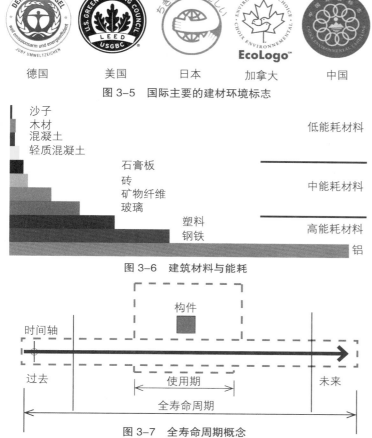

图 3-5　国际主要的建材环境标志

图 3-6　建筑材料与能耗

选择绿色材料是建筑师的社会责任。地球是像宇宙飞船一样的独立系统，过度消耗自身资源最终导致自身的损害，对建筑业来说，采用"绿色"建材是实现资源循环的重要途径。

"绿色"建材的涵义相当宽，目前还没有一个确切的定义，但总的来说是指资源、能源消耗少，并且有利于健康，可提高人类生活质量且与环境相协调的建筑材料（图 3-5、图 3-6）。

促进绿色建材的发展，是从制定、实施建材产品"绿色"标志认证制度入手。最早推行绿色标志的是德国。目前市场上出现各种绿色标识主要为两种类型：一种是第三方认证，另一种是企业自我环境声明。

图 3-7　全寿命周期概念

对建筑来说，全寿命周期包括材料开采，构件生产，建筑建造、运行维护以及最后的拆除等全过程。

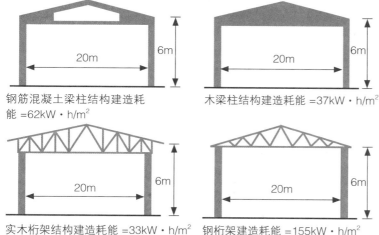

钢筋混凝土梁柱结构建造耗能 =62kW·h/m²

木梁柱结构建造耗能 =37kW·h/m²

实木桁架结构建造耗能 =33kW·h/m²

钢桁架建造耗能 =155kW·h/m²

图 3-8　建造方式与能耗

建筑材料对环境的影响是指从材料开采、构件生产、建造运输、运行维护直到拆除处理的全寿命周期内材料环境性能（图 3-7）。一些传统建材在很多方面比一些新型建材更"绿"，但如果考虑材料产品的使用性能和废弃后的重复利用和再生性，则可能是另一种情况（图 3-8）。

3.3 材料分类

常用建筑材料 表3-1

	金属材料		铁、钢及合金钢、铝、铅、铜等
无机材料	非金属材料	天然石材	砂、石及石材制品等
		烧土制品	黏土砖、瓦等
		玻璃	普通平板玻璃、特种玻璃等
		石灰、石膏、水泥及制品、无机纤维材料等	
有机材料	植物材料		木材、竹材、植物纤维等
	沥青材料		煤沥青、石油沥青及其制品等
	合成高分子塑料		塑料、涂料、合成橡胶等
复合材料	有机与无机非金属材料		聚合物混凝土、玻璃纤维增强塑料等
	金属与无机非金属复合材料		砂浆、钢筋混凝土、钢纤维混凝土等
	有机与金属复合材料		PVC钢板、有机涂层铝合金板等

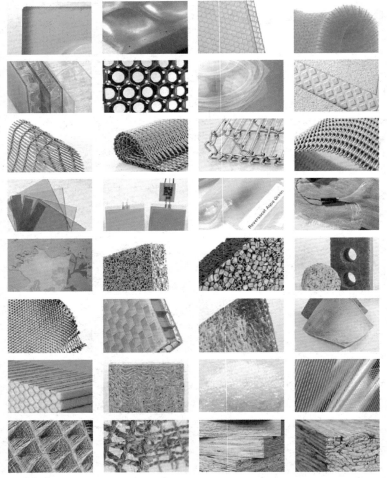

适用于建筑的材料有很多（表3-1、图3-9），并具有以下两个显著特点：

（1）有限的结构材料

木材、砖、砌块、石材、钢材、混凝土。

（2）不断发展的功能材料

防水材料：沥青、塑料、橡胶、金属、聚乙烯胶泥。

吸音材料：多孔石膏板、塑料吸音板、膨胀珍珠岩。

绝热材料：塑料、橡胶、泡沫混凝土。

饰面材料：墙面砖、石材、彩钢板、彩色混凝土、涂料。

一般来说，建筑物的可靠度与安全度，主要取决于结构材料组成的构件和结构体系，而建筑物的使用功能与建筑品质，主要取决于建筑功能材料。一种具体材料可能兼有多种功能。

图3-9 丰富的建筑材料

3.3.1　石材

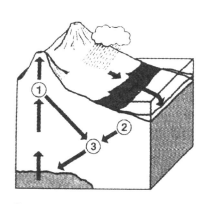

①火成岩；②沉积岩；③变质岩
图 3-10　石材的形成

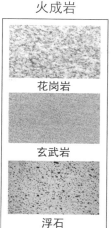

火成岩　　沉积岩　　变质岩

花岗岩　　砂岩　　板岩

玄武岩　　页岩　　大理石

浮石　　石灰岩　　石英岩

图 3-11　石材的分类

天然石材分成三种：火成岩石材、沉积岩石材和变质岩石材。火成岩是由液态的岩浆冷却后直接形成的，强度和硬度高，结构均匀。沉积岩是由微粒组成的，由于形成过程不同，可能包含大量孔洞、水平层，甚至动物或者植物化石。沉积岩强度没有火成岩大，但更容易加工。变质岩是原有岩石结构在压力作用下发生变化而形成，通常有特殊的纹理（图 3-10~ 图 3-13）。

图 3-12　选矿开采

图 3-13　荒料锯切开片

不同的表面加工处理可以形成不同的石材效果，加工方法常有抛光、哑光、机刨纹理、烧毛、剁斧等。砂岩、板岩由于表面天然纹理，一般自然劈开或磨平而无须再加工；大理石具有优美的纹理，一般采用抛光、哑光的表面处理以显示花纹；花岗石大部分品种无美丽花纹，可采用多种办法加工，是目前使用范围最广和使用量最大的天然饰面。

石材密度大、硬度高、抗压强度大、导热性和蓄热性好、耐候性好；精细的加工可以形成特殊的材料效果。石材的高抗压强度可以用作承重石墙；板材可以用作立面和地板的饰面。花岗石、大理石、石灰石是最常用的商业石材（图 3-14~ 图 3-16）。

图 3-14　垒砌石墙

图 3-15　钢筋笼石墙

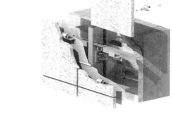

图 3-16　干挂工艺

石材幕墙安装传统上采用水泥砂浆湿贴和胶粘剂粘贴的施工方法。现代建筑广泛采用以石材幕墙为主的干挂工艺，干挂工艺与前者相比具有快捷、无污染、无后处理工序等优点。

3.3.2 砖与砌块

图 3-17 传统砖

中国在春秋战国时期陆续创制了方形和长形砖，秦汉时期制砖的技术和生产规模、质量和花式品种都有显著发展，世称"秦砖汉瓦"。

图 3-18 现代砖

砖已由黏土为主要原料逐步向利用煤矸石、粉煤灰等工业废料发展，同时由实心向多孔、空心发展，由烧结向非烧结发展。

砖的种类很多，分烧结砖（主要指黏土砖）和非烧结砖（灰砂砖、粉煤灰砖等），形状有实心、空心及多孔等。黏土砖以黏土为主要原料，经泥料处理、成型、干燥和焙烧而成。为了保护土地资源，黏土砖已逐步退出市场。

砖、石是刚性材料，抗压强度高，抗弯、抗剪较差，其强度等级按抗压强度取值。烧结普通砖根据抗压强度分为 MU30、MU25、MU20、MU15、MU10 五个强度等级（图 3-17~图 3-19）。

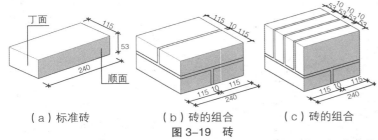

（a）标准砖　　　（b）砖的组合　　　（c）砖的组合

图 3-19 砖

工人的手曾是衡量砖的尺度，我国借鉴了欧洲大陆标准，标准砖尺寸是 240mm×115mm×55mm，包括 10mm 厚灰缝，协调尺寸是 240mm×120mm×60mm，其长宽厚之比为 4∶2∶1。标准砖砌筑墙宽度与中国现行《建筑模数协调统一标准》GB/T 50002-2013 基本模数 M=100mm 不协调，其原因是砖尺寸确定时间要早于模数协调确定时间。

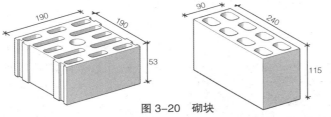

图 3-20 砌块

砌块的规格考虑模数的要求，基本采用（nM-10）mm 的系列，如混凝土小型空心砌块的规格为 90mm×190mm×390mm、190mm×190mm×290mm 等。砌块宽、厚尺寸加上标准灰缝厚度 10mm 是基本模数 M=100mm 的整数倍。

砌块是采用混凝土以及各种废渣，如煤矸石、粉煤灰、矿渣等材料制成，它能充分利用工业废料和地方材料，是我国建筑墙体改革的主要途径之一。砌块按尺寸和质量的大小不同分为小型砌块、中型砌块和大型砌块。主规格高度大于 115mm 而小于 380mm 的称作小型砌块、高度为 380~980mm 称为中型砌块、高度大于 980mm 的称为大型砌块。工程实践中，以中小型砌块居多。砌块按外观形状也可以分为实心砌块和空心砌块（图 3-20、图 3-21）。

图 3-21 加气混凝土砌块

加气混凝土砌块具有轻质多孔、保温隔热和防火性能良好、可钉、可锯、可刨和具有一定抗震能力等优点，但也存在吸水率高、与砂浆粘结不牢的问题。加气混凝土砌块适用于高层建筑的填充墙和低层建筑的承重墙。

3.3.3　砂浆

砂浆分类　　　　　　表 3-2

用途	砌筑砂浆	普通砌筑砂浆强度等级代号以 M 表示，其强度等级分为 M2.5、M5.0、M7.5、M10、M15 等 5 级。混凝土块体（砖）专用砌筑砂浆的强度用 Mb 表示，蒸压灰砂普通砖、蒸压粉煤灰普通砖专用砌筑砂浆强度等级用 Ms 表示
	抹面砂浆	一般不直接要求强度等级，多采用体积比。水泥砂浆常用级配（水泥：黄砂）1:2、1:3;石灰砂浆常用级配（黄砂：石灰）为 1:3；混合砂浆常用级配（水泥：石灰：黄砂）为 1:1:6、1:1:4
	防水砂浆	水泥砂浆中掺入一定防水剂，用于墙体、地面、雨篷及地下工程防水层
材料	水泥砂浆	适用于潮湿环境及水中的砌体工程
	石灰砂浆	适用于强度要求低、干燥环境中的砌体工程
	混合砂浆	除对耐水性有较高要求的砌体外，适用于各种砌体工程

图 3-22　砂浆粘贴施工

图 3-23　水泥砂浆和混合砂浆比较

水泥砂浆是水硬性材料，结硬后强度较高，防水性能较好；混合砂浆是一种气硬性材料，和易性（保持合适的流动性、粘聚性和保水性，以达到易于施工操作，并且成型密实、质量均匀的性质）较好，但强度及防水性能不及水泥砂浆。

砂浆主要成分由胶凝材料、细骨料和水按一定比例配制而成，和混凝土的区别在于不含粗骨料。砂浆属于刚性材料，由于骨料的粒径较小，施工使用的过程中有可能开裂(表 3-2)。

砂浆具有以下特性：作为砌块之间的密封剂和胶粘剂，具有足够的强度；在施工期间保持一定可塑性；具有耐久性，能够抵抗风化影响（图 3-22 ）。

砂浆的主要用途是作为粘结材料来砌筑砌体，一般在建筑物的 ±0.00 以下用水泥砂浆来砌筑，而在 ±0.00 以上则用混合砂浆来砌筑。砂浆还是许多建筑构件表面粉刷的常用材料。一般在需要抗压或需要良好防水性能的场所会选用水泥砂浆，在需要良好粘结性能的场所则会选用混合砂浆（图 3-23 ）。砂浆可以被用来粘结一些装饰块材。和混凝土一样，在水泥砂浆中掺入氯化物金属盐类、硅酸钠类和金属皂类，可进一步改善其防水性能，制成防水砂浆。防水砂浆应用在一些需要特殊防水构造的场所，如地下室外壁。

3.3.4　混凝土

浇筑素混凝土垫层　　浇捣钢筋混凝土楼板

图 3-24　现浇混凝土

预制混凝土装饰构件　　预制混凝土外墙板

图 3-25　预制混凝土

混凝土

混凝土具有良好的可塑性

图 3-26　混凝土成型前

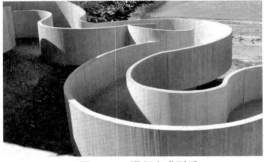

图 3-27　混凝土成型后

混凝土是用胶凝材料和骨料加水搅拌后浇注结硬制成的人工石材。古罗马人曾经用火山灰混合石灰、砂制成天然混凝土。混凝土价格相对低廉，是一种形状、大小和质地须进行设计的不定形材料，具备多种表面肌理和色彩。20 世纪初，钢筋混凝土开始成为改变人类建筑的主要的土木工程材料之一。

混凝土可以用来制造结构构件，也可以作为防水材料。混凝土不会燃烧或腐烂，所以也是一种防火材料。混凝土可掺入外加剂，用以提高其可使用性或改变其特性，如增加强度，加速或延缓熟化或者改变色彩和质地。

骨料约占混凝土全部材料容积的 3/4，它赋予材料主要的结构性能。因此，混凝土强度主要取决于骨料。多数的应用中，最理想状态是粗、细骨料均匀分级的混合料，骨料包括细骨料（如黄砂）和粗骨料（如石子）。最常用的混凝土中石子的粒径一般在 45~50mm。粒径在 15~20mm 的石子骨料称为细石混凝土。内部不放置钢筋的混凝土叫做素混凝土，配置钢筋的混凝土叫做钢筋混凝土。素混凝土可做受压壳体承重结构；钢筋混凝土可以做成各种形状的结构构件和承重结构，两种材料的力学性能有较大的差别（图 3-24~图 3-27）。

3.3.5 木材

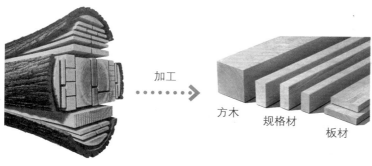

原木   方木   规格材   板材   锯材

胶合材
将木材按纤维纹理方向的不同，交错搭配，使用低毒性的粘合剂，经高压处理加工成性能稳定的构件材料，力学性能更趋于各向同性。

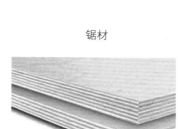

胶合板
由不同纹理方向的单板胶合而成的一种木质人造板，相邻层单板纹理通常互成 90° 角，结构多为奇数层复合。

图 3-28　木材种类

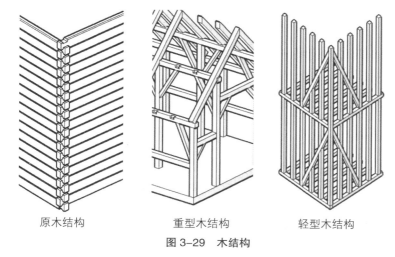

原木结构   重型木结构   轻型木结构

图 3-29　木结构

原木结构由原木堆砌卯榫而成，因原木材料庞大，一般多用于风景区、旅游景点的休闲场所或宾馆。重型木结构是采用方木或圆木作为承重构件的大跨度框架结构，结构本身显示出木材天然纹理，多用于公共建筑。轻型木结构是间距较密的木框架结构，施工方便，材料成本低。由于防火等因素，框架内外侧铺设防火板，不显露木材材质，多为居民住宅。

木材是天然优良的建筑用材，施工简易，设计灵活。由于树干沿轴向（生长方向）和径向（年轮方向）的细胞形态、组织状况有较大差异，木材具有明显各向异性。顺纹方向，即沿原树干轴向的抗拉和抗压强度高，适合用于承重结构。木材自重轻，导热性差，蓄热性好，木纹及色泽美丽、易于着色和油漆。

木材受拉和受剪皆是脆性破坏，其强度受木节、斜纹及裂缝等天然缺陷的影响很大，但在受压和受弯时具有一定的塑性。木材处于潮湿状态时，易受木腐菌侵蚀而腐朽。在空气温度、湿度较高的地区，白蚁、蛀虫、家天牛等对木材危害颇大。木材能着火燃烧，但有一定的耐火性能。

现代木结构用材分为原木、锯材和胶合材三类。原木一般要经纵向锯割制成锯材。胶合材是以木材为原料通过胶合压制成的各种柱形材和各种板材。胶合材结构均匀，内应力小，不易开裂和翘曲变形，有较高的耐火性能，可解决部分大跨度、耐候防蛀问题。胶合板材利用原木、木屑、废材以及其他植物（如竹材）或其他纤维等为原料制成，提高了木材的利用率（图 3-28、图 3-29）。

现代木结构多以钢构件为主要连接件，可简化传统木结构的复杂结构，利于木结构的推广。

3.3.6　沥青和合成高分子材料

图 3-30　沥青防水卷材

沥青防水卷材质量轻、防水性能良好、施工方便、能适应一定的温度变化和基层伸缩变形，我国屋面防水较多采用沥青防水卷材。

图 3-31　沥青防水涂料

沥青防水涂料在常温下能形成有一定弹性的涂膜防水层，防水性好，施工操作简便，可喷、可涂，能适应屋面、地面、地下防水的要求。

沥青是一种憎水性有机胶凝材料，构造密实，是建筑工程中应用最广的一种防水材料；沥青与许多材料表面有良好的粘结力，不仅能粘附在矿物材料表面上，而且能附在木材、钢铁等材料表面；沥青能抵抗一般酸、碱、盐等侵蚀性液体和气体的侵蚀，可应用于防锈、防腐处理（图 3-30、图 3-31）。

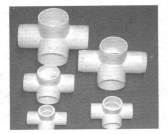

图 3-32　PVC 塑料管道

图 3-33　PE 套管

高分子合成材料包括 PE（聚乙烯）、PVC（聚氯乙烯）、PP（聚丙烯）等。冷、热水给水多采用 PVC、PE 等塑料管道；建筑排水多用 PVC 塑料管道；燃气塑料管道采用 PE；塑料电线护套管采用 PE 及 PVC；塑料通信电缆护套管采用 PE。

合成高分子材料中的塑料、合成橡胶、合成纤维被称为三大合成材料。合成材料原料丰富，适合现代化生产，具有许多优良的性能，如密度低，抗拉强度高，电绝缘性好，耐腐蚀，装饰性好等特点，可按需加工成多种色泽及断面，用于门窗、有水场所的隔断、室外楼梯扶手以及各种管道。在耐候性及耐久性能上，多数合成材料达不到砖石标准，这限制了合成材料在屋面、墙体上的普遍应用。现实中应用于外饰面的合成高分子材料以具有一定特点的透明塑料居多，如 PMMA（有机玻璃）、ETFE（四氟乙烯）等。合成高分子材料多数可燃，应用时应予以关注（图 3-32~图 3-36）。

图 3-34　聚丙烯墙材

用作室内装饰面层的 PP（聚丙烯）墙体材料。

图 3-35　塑料模板

用于施工的塑料模板，本身可多次使用并且可以粉碎再制成新模板。

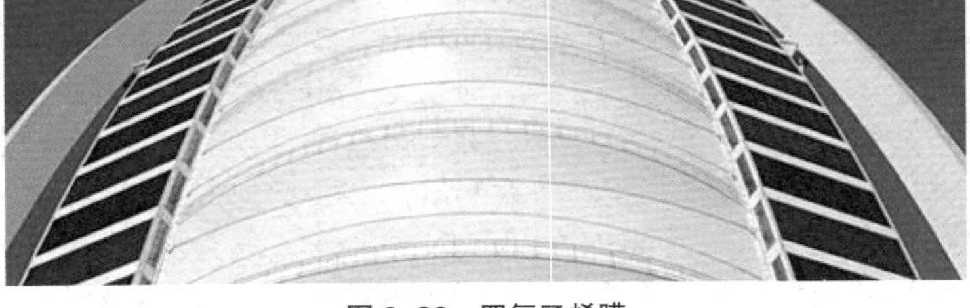

图 3-36　四氟乙烯膜

四氟乙烯膜（ETFE 膜）质量轻，透光率高，韧性好，耐候性和耐化学腐蚀性强，不会自燃，近年来较多应用于工程实践。

3.3.7　玻璃

　　玻璃是无机原料制成的非晶体固体，玻璃的分子结构可以让光子或特定波长的电磁波通过，所以玻璃看起来是透明的。玻璃质坚，耐磨损，具有较高的抗压强度。除强腐蚀性化合物（如氢氟酸）外，玻璃可以抵抗几乎所有化学物质侵蚀，但普通玻璃表面在水泥砂浆硬化所形成的碱性条件下会产生破损。幕墙玻璃必须采用安全玻璃，如钢化玻璃、夹层玻璃或用上述玻璃组成的中空玻璃等，其强度一般需通过测试（图 3-37）。

（a）夹层玻璃
在两片或多片玻璃之间（普通玻璃或钢化玻璃）夹入透明或彩色的聚乙烯醇缩丁醛膜片（PVB胶片），经高温高压粘合而成。

（b）钢化玻璃
钢化玻璃分全钢化和半钢化两种。全钢化玻璃和半钢化玻璃（强化玻璃）经特殊热处理比普通玻璃具有更高的机械强度和热稳定性。

（c）中空玻璃
由两片或多片玻璃合成，其周边用金属框形成隔层空间（标准空气层厚度为 6~12mm），四周密封，内部充入干燥空气或惰性气体。中空玻璃具有良好的绝热和隔声性能。

（d）玻璃砖
透明或颜色玻璃料压制成的块状、空心盒状，体块较大，品种主要有玻璃空心砖、玻璃实心砖。

（e）防火玻璃
防火玻璃是一种在规定的耐火试验中能够保持完整性的特种玻璃，分为复合防火玻璃与单片防火玻璃。防火玻璃的选用依据消防耐火极限具体要求确定。

（f）低辐射（Low-E）镀膜玻璃
镀膜层具有对可见光高透过及对中远红外线高反射的特性，降低了门窗因辐射造成的室内热能向室外的传递。由于对太阳光中可见光有高透射比，光学性能良好。

（g）丝网印刷玻璃
通过网版印刷将彩色图像直接印刷到玻璃表面，如经过抛光、雕刻、腐蚀等进一步处理，能够加倍提高装饰效果。

（h）自清洁玻璃
玻璃表面上涂抹一层特殊的涂料，使灰尘或污浊液体难以附着，较易冲洗。

（i）LED 玻璃
安全玻璃中嵌入发光二极管，二极管可以通过玻璃上的导电涂膜提供动力。

图 3-37　玻璃种类

3.3.8　金属

金属材料是金属元素或以金属元素为主构成的材料的统称。种类繁多的金属材料成为工业社会建筑材料的重要部分（图 3-38~ 图 3-40）。

（a）钢瓦

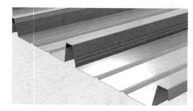
（b）压型钢板

（c）钢梁

钢是含碳量小于 2% 的铁碳合金。钢比铁富有弹性，能够焊接，抗拉强度高。建筑钢材主要用于结构构件和连接件，特别是受拉或受弯的构件。某些钢材，如薄腹型钢、不锈钢管、不锈钢板等也可用于建筑装修。钢材的防火和防锈性能较差，表面需要防火和防锈处理。

（d）涂层钢板

（e）搪瓷钢板

（f）耐候钢

图 3-38　钢材

为提高钢板耐腐蚀能力，一般在钢板表面涂覆其他金属或非金属覆盖层。表面镀锌、铝、铝锌、铅、锡等金属的钢板为镀层钢板，表面涂覆有机涂料的钢板为涂层钢板，表面涂覆瓷釉的钢板称为搪瓷钢板。另外，还有一种耐候钢属于介于普通钢和不锈钢之间的低合金钢，不需油漆保护，在室外暴露几年后能在表面形成相对比较致密的锈层。

（a）铝合金窗

（b）铝板幕墙

（c）铝箔

图 3-39　铝材

铝密度较低，天然氧化层能保护材料免受气候的影响。铝合金在建筑中主要用来制作门窗、吊顶、隔墙龙骨以及饰面板材，可以用在轻质和耐候性较高的立面构件上，电镀可以强化保护层并注入颜色。铝箔具有较高的热反射性、隔蒸汽性和装饰性能。

（a）氧化铜板幕墙

（b）铜板幕墙

（c）铜板屋面

图 3-40　铜材

铜色泽华丽，材质较软，易于塑造成形，覆盖各种形状的表面。

3.3.9　饰面材料

饰面材料的主要用途是对建筑界面进行装修，所以对其性能的关注主要集中在材料的色泽、质感、耐气候性、易清洁性能等几方面，常用的饰面材料有以下几种（图 3-41~ 图 3-44）。

（a）墙布

（b）地毯

（c）软吊顶

图 3-41　装饰卷材

装饰卷材包括各类墙布、墙纸、地毯和悬垂物等。常用的有天然材料的织物、皮革以及各类化纤和金属的织物及轧制物（如塑料地毡、人工草皮、金属编织网）等，可用于墙、地面铺挂及作为软吊顶装修。

（a）陶土面砖

（b）人造石材

（c）马赛克

图 3-42　装饰块材

装饰块材包括各类面砖和人造石材。装饰面砖一般是陶土或瓷土加工成型煅烧而成，质地较坚硬，切割较方便，有一定的吸水率，表面处理分无釉和上釉两种。陶土面砖可以适用于建筑物的内外墙面及地面。瓷土面砖较细密，吸水率较低，表面较易清洁，适用于易受污染墙面。非常小的块面面砖叫做马赛克或锦砖。天然石材碎料经人工树脂或者水泥等材料粘结，可以制造出人造花岗石、人造大理石、预制水磨石等块材。

（a）木面板

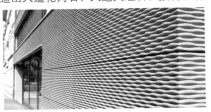
（b）混凝土面板

（c）金属装饰网

图 3-43　装饰面板

装饰面材包括各种金属、石材、混凝土等制作的大型面材或网状材料。

（a）内墙涂料

（b）外墙涂料

（c）地面涂料

图 3-44　涂料

涂料是颜料、填料、助剂及乳胶液的混合物，能对构件表面起到保护作用并取得需要的颜色和质感。通常外墙涂料需要有较好的弹性及耐候性；内墙涂料需要有较好的质感及装饰效果；地面涂料要有较高的强度，耐磨性和较好的抗冲击性。

3.4　材料发现与发明

图 3-45　建筑材料资料库（纽约）

国外有许多研究建筑新材料的工作室，像 Material Systems，Ball-Nogues Studio，Ecologic Studio 等，也有像美国的乡村工作室（Rural Studio）专门研究低造价材料的使用；杂志如 *Materials of Construction*、*Detail*、*Materials* 等常常展现阶段性的材料使用成果；另外，还有木建筑、竹建筑、铜建筑、纸建筑等的专门网站。关注他们的工作，对我们了解新材料特性及使用方式会有很大帮助（图 3-45）。

在建筑实践中强调建筑材料、建筑材料的使用及构造方法，通过材料构造变化达到形式的更新，正越来越多地成为建筑师创新的一个重要手段。不少建筑师倾向于选择自己所喜爱的材料，并对这种材料进行多方面的尝试。如坂茂多次使用"纸"作为建筑材料。弗兰克·盖里、格雷戈·林恩等使用技术的手段改变材料固有的质感，使材料呈现出一种技术与质感相结合新特质。托马斯·赫尔佐格和他的研究小组常常在提出概念后与其他学科团队共同完成，他的团队与巴腾巴赫光照实验室合作，发明了一种光栅系统，已在世界范围销售（图 3-46）。

现在建筑师不仅仅利用新的材料，而且为材料的发展提供思想和动力。

反射阳光

82.5

日光漫射

遮阳原理剖面
1—上层：高强安全玻璃
2—下层：双层复合钢化玻璃
3—用于反射直射阳光的晶格
4—具有特定角度的二次反射晶格
5—反射太阳辐射的表面

图 3-46　托马斯·赫尔佐格团队发明的遮阳晶格材料
光栅集成于玻璃框内的，可以让光线间接地通过大量的小尺度开口，进入建筑并形成微小的光柱，同时过滤直射日光。

3.5　材料与设计

图 3-47　2014 美国木建筑设计奖
Promega Feynman 中心，美国
Uihlein-Wilson 建筑设计公司

图 3-48　2014 欧洲混凝土设计奖
kaisatalo 大学图书馆，芬兰
Anttinen Oiva 建筑设计公司

图 3-49　2007 年竹建筑国际设计奖
METI 手工学校，孟加拉国
Anna Heringer & Eike Roswag

图 3-50　2013 维罗纳国际石材建筑奖
Druk White Lotus 学校，印度
Arup 公司

第 **4** 章

骨与皮——结构与围护

不管理论如何玄之又玄，技术如何复杂，建造房屋的最终目的是在人和自然隔离的基础上考虑建筑与环境的对话，也就是在提供舒适、安全的物理环境的同时，考虑人与自然环境、文化环境的关系，把建筑建成一座尽可能耐久、舒适、经济的人类活动外壳。

4.1　骨与皮

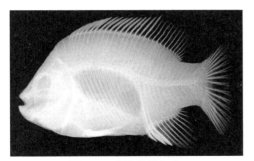

图 4-1　生物的骨与皮

生物为了适应自然界的规律，演化了合理的组织结构。脊椎动物表皮使体内组织器官免受物理的、化学的或微生物的侵袭，防止体内水分、电解质和其他物质丢失，骨骼则用来支持和保护身体。

图 4-2　原始建筑的骨与皮

栖身场所对于人类就像如水和食物一样重要，为防止来自同类或野兽的侵袭以及火灾、地震、洪水等自然灾害，人类祖先使用简单加工的材料建造原始的庇护所。庇护所由结构和围护二部分组成，就像动物的骨与皮一样，分别起到传递荷载和围合空间的作用。

图 4-3　动物与建筑组织结构比较

建筑工业的发展使人们对建筑的期望发生了变化，现代建筑越来越依靠精密的材料与复杂的系统共同完成建造的目的，但是庇护所作为建筑基本属性，并没有什么本质变化，只是实现的技术手段更加多样（图 4-1~ 图 4-3）。

现代建筑围护是一个复杂系统，包括屋面、墙面、门窗等，具有绝热、防水、隔声、防火、防虫等功能。建筑围护通过调节外部环境影响，维持人类生产、生活的安全和舒适。当自然因素介入降低室内舒适度时，围护构造予以隔绝；反之，则被引入。建筑师需综合考虑功能、外观、造价等因素对围护构造进行设计和权衡（图 4-4）。

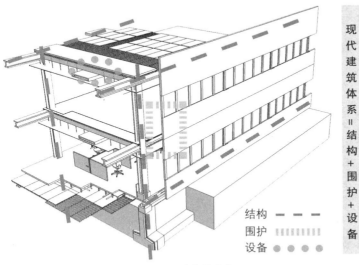

图 4-4　造价的变化

传统住宅基础部分的造价相对稳定，基本保持在总建筑造价的十分之一左右；19 世纪末期以来住宅设备相关的造价却大幅上升，达到总造价的 35%。与此同时，随着承重墙结构向框架结构的转变，结构造价的比例从过去的 80% 下降到今天的 20%，而围护体系中的轻质隔墙比例从 3% 猛增到 20%，剩下的大约 12.5% 基本上用于建筑外表面的处理。设备费在整个建筑造价中的比例鹤立鸡群，建筑对设备的依赖日益明显。

4.2　结构概念设计

技术上完美的建筑物可能在艺术上缺乏表现力；但艺术上公认为是好的建筑物，在技术上也一定是完善的、卓越的。好的技术对好的建筑来说是必要条件，但不是充分条件。

——皮埃尔·路易吉·奈尔维

图4-5　波尔多别墅设计草图

雷姆·库哈斯设计的波尔多别墅位于山顶顶点，悬崖边，可以一览以葡萄酒闻名的繁华城市。他希望这座别墅飞翔起来，他的合作伙伴结构工程师塞西尔·巴尔蒙德是如何做到的呢?

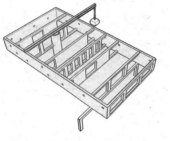

（a）三维
假定整体性，并具有总体性能，对结构形式进行体系分析。

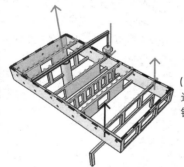

（b）二维
选定基本水平和竖向分体系，建立关键构件、性能和互相关系。

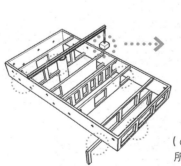

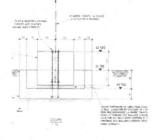

（c）一维
所有线状构件、材料和连接详图应当满足工程准备和施工文件的要求。

图4-6　波尔多别墅结构设计从概念到实现的过程

塞西尔·巴尔蒙德在建筑方案阶段配合建筑师的大胆构想，为了创造一种新的漂浮形式，他将这个混凝土盒子的垂直支撑错位，两个支撑点偏离平面之外；再将其中一个支撑转换为悬挂，从而成功地获得了视觉上的不稳定性和动态感，造就了一个"飞翔"的盒子。

结构是约束力量与控制力量的装置。建筑和结构工程师选择材料，通过结构形式控制力量路径，将荷载传递释放到地面并维持建筑的平衡。

在一体化结构计算软件全面应用的今天，结构工程师的主要任务是在特定建筑空间中，用整体概念来建立结构总体方案，并有意识地考虑结构总体系与各分体系之间的力学关系。国际上公认的优秀结构设计，几乎都是由一种或几种基本分体系有机地组合而成。这要求建筑师一方面具有不懈追求的职业素养，同时也要求具备清晰的整体结构和基本分体系概念。

结构与建筑的关系有无限进行阐释的余地，结构可以隐藏在建筑形态中，也可以成为建筑形态本身，通过谨慎的分析和广泛的悟性，结构可以成为美学的手段（图4-5、图4-6）。

4.3 结构体系

（a）木材

（b）钢材

（c）混凝土

（d）砖石

图 4-7　基本结构材料

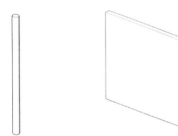

线——杆构件，基本构件某两维尺度远小于第三维，通常指长度为横截面宽度或高度 5 倍以上的构件。

面——薄壁构件，某一维尺度远小于其他二维的构件，如墙、楼板、薄壳屋盖等。

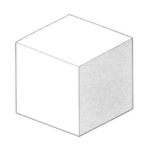

体——实体构件，三维尺度近似的构件，如大坝、挡土墙等土工、水工结构。

结构是建筑的骨架，是建筑存在的基本保证。结构的作用是可靠地承受并传递荷载，承载能力的大小取决于所采用的建筑材料和结构形式。

结构材料不多　建筑材料种类很多，但具有良好的受力性能和价格低廉的材料不多，因此结构材料并不像装饰材料和功能性专用材料（如防水、保温材料）那样繁多。目前，常用的结构材料主要集中在木、砖石、混凝土和钢材上（图 4-7）。

结构形式很多　结构形式可看作是由若干基本构件通过一定方式连接而成的。根据几何特征，基本构件可分为线、面、体三类。结构形式由基本构件按一定方式连接而成，常见的结构形式有：杆件结构形式、墙板结构形式、空间结构形式以及组合结构形式等（图 4-8）。

组合形式很多　结构形式类型和结构材料类型相对独立，框架结构既可采用钢筋混凝土，也可以采用木材、钢材等材料，它们都具有框架结构基本特征，不同的是材料性能的差异以及对结构产生的相应影响。结构形式分别为木结构、砌体结构、钢筋混凝土结构、钢结构和以上材料组成的混合结构（图 4-9）。

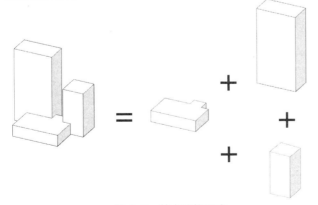

图 4-8　基本结构形式

化繁为简　在满足使用和其他要求的前提下，建筑形体应力求简单。当建筑型体比较复杂时，宜根据平面形状和高度差异，在适当部位采用分缝将其划分成若干个刚度较好的基本结构形式。

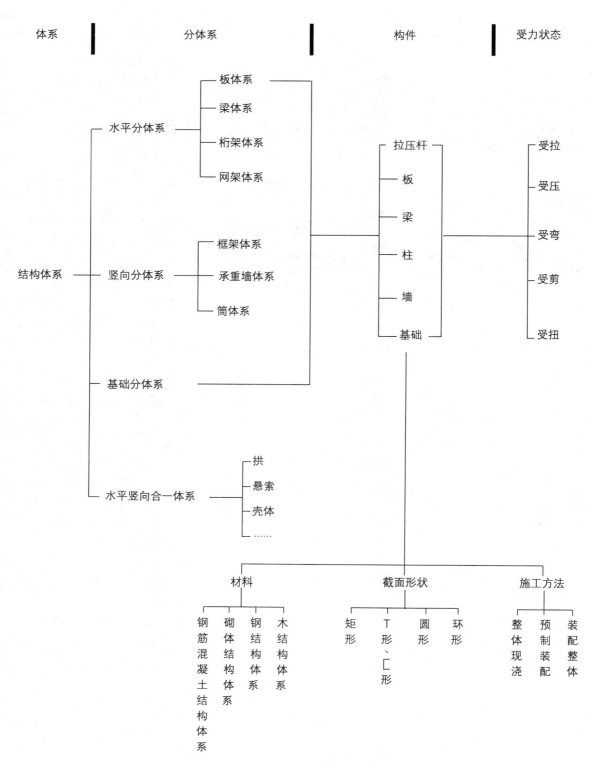

图 4-9　结构体系分类

从力的传递关系上看，结构基本体系可划分为基础体系、水平分体系、竖向分体系以及水平竖向合一体系。

4.3.1　基坑

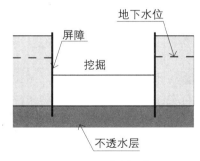

图 4-10　防水屏障
防水屏障插入不透水层,阻止水进入基坑。

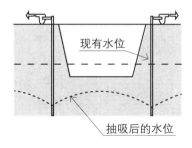

图 4-11　井点降水
降低地下水位是将多孔管(井点)插进地面,从周边区域中集水,用水泵将水抽走。

基坑是为基础与地下室施工所开挖的地面以下空间。基坑支护结构是地下工程建造时为确保土方开挖,控制周边环境影响,在允许范围内的一种施工措施。大多数基坑支护结构是施工过程中的一种临时性结构,地下工程施工完成后失去作用;另外也有基坑支护结构在建筑物建成后作为建筑构件继续使用(图 4-10、图 4-11)。

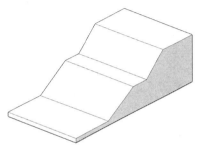

图 4-12　放坡
建筑场地足够大时,开挖工程可以采用台阶式开挖或者以小于土壤的静止角的角度放坡开挖,开挖过程不需要支撑结构。

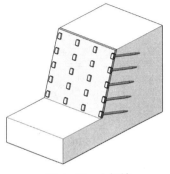

图 4-13　土钉墙
采用土钉加固的基坑侧壁土体与护面等组成的支护结构。

基坑支护工程包含挡土、支护、防水、降水、挖土等许多紧密联系的环节,其中的某一环节失效将会导致整个工程的失败。基坑支护工程造价较高,施工周期长,从开挖到完成地面以下的全部隐蔽工程,常需经历降雨、周边堆载、振动、施工不当等许多不利条件,是岩土、结构以及施工互相交叉的技术(图 4-12~图 4-16)。

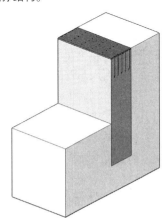

图 4-14　水泥土墙
由水泥土桩相互搭接形成的格栅状壁状等形式的重力式结构。

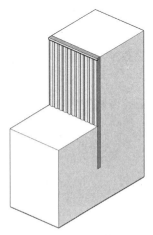

图 4-15　排桩
以某种桩型按队列式布置组成的基坑支护结构。

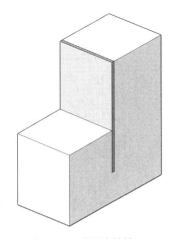

图 4-16　地下连续墙
在沟槽中现浇的一种起挡土板作用的混凝土墙,通常用作永久性基础墙。

4.3.2 地基

图 4-17 岩土特性
在岩土在形成过程中，由于物质的迁移和转化，岩土分化成一系列组成、性质和形态各不相同的层次。建筑地基的岩土可分为岩石、碎石土、砂土、粉土、黏性土和人工填土。

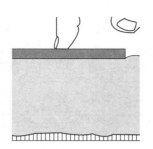

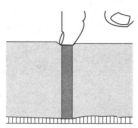

图 4-18 基础作用
基础在水平方向上，为了增大结构与地基的接触面，可将点式的传力方式改为线式、面式或体式。在竖向方向，可采用桩基的方式，将基础柱向下延伸至更牢固的地基层或岩石层，并依靠土壤或岩层的摩擦获支持抵抗上部荷载。

基础体系包括地基和基础两部分。基础是将上部结构所承受的各种荷载传递到地基上的结构部分，地基是支撑基础的土体或岩体，建筑结构最终都通过基础将荷载传至地基。基础的根本作用就是改变应力分布形式，减小应力强度，避免建筑物移动和不均匀沉降（图 4-17、图 4-18）。

基础设计需要结构工程师的专业分析和设计，结构工程师根据地质工程师对土层的调查结果决定基础的类型和尺寸。

地基按土层性质不同，分为天然地基和人工地基两大类。凡天然土层具有足够的承载能力，可直接在上面建造房屋的称为天然地基。当天然地基承载力或变形不能满足建筑物要求时，需要进行地基处理，形成人工地基。淤泥、淤泥质土、各种人工填土一般都具有孔隙比大、压缩性高、强度低的特性，需要采用人工地基处理方法。局部软弱土层以及暗塘暗沟等，可采用基础梁换土桩基等方法处理（图 4-19）。

人工地基可选用机械压实、换填垫层、复合地基等方法。复合地基竖向增强体习惯上称为桩，但与基础中的桩基础在结构计算概念上有区别，后者基本不考虑土体与桩的协同作用（图 4-20、图 4-21）。

夯实法　　　　重锤夯实法　　　　机械碾压法

图 4-19 人工地基——机械压实法加固地基

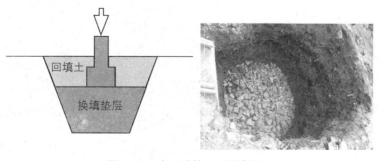

回填土

换填垫层

图 4-20 人工地基——换填垫层
换填垫层用于软弱地基的浅层处理。垫层材料采用砂、碎石、矿渣、灰土及其他性能稳定、无腐蚀性的材料。

图 4-21　人工地基——复合地基

复合地基是由基体（天然地基土体或被改良的天然地基土体）和增强体两部分组成的人工地基，基体与增强体在荷载作用下，通过两者变形协调，共同分担荷载。根据地基增强体方向复合地基分为竖向增强体复合地基和水平向增强体复合地基。水平增强体复合地基主要指加筋土地基。加筋材料主要是土工织物、土工膜等。竖向增强体有碎石桩、砂桩、水泥土桩等。

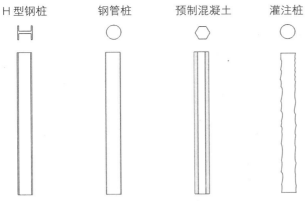

H 型钢桩　　钢管桩　　预制混凝土　　灌注桩

图 4-22　常见的桩基

在建筑物荷载大、层数多、高度高、地基土又较松软时，一般应采用桩基。桩基础是一种由端承桩或摩擦柱、桩承台和连系梁共同组成的体系，它将建筑荷载向下传递到适于承载的土层或岩石上（图 4-22）。

按施工方法分为预制桩和灌注桩。

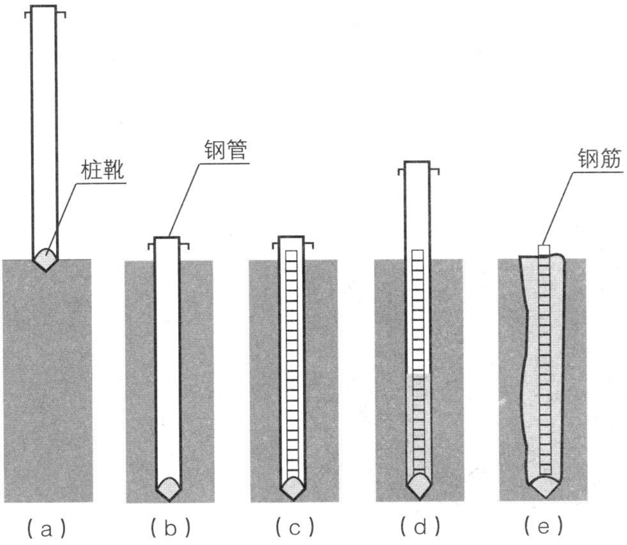

桩可以是经过防腐处理的木桩，但是对于大多数建筑物来说，多使用 H 形钢桩、混凝土管桩、预制钢筋混凝土桩或预应力混凝土桩。

灌注桩有施工时无振动、无挤土、噪声小、宜于在城市建筑物密集地区使用等优点，在施工中得到较为广泛的应用。灌注桩按其成孔方法不同，可分为钻孔灌注桩、沉管灌注桩、人工挖孔灌注桩、爆扩灌注桩等（图 4-23）。

桩靴　　钢管　　　　　　　　　钢筋

（a）　　（b）　　（c）　　（d）　　（e）

图 4-23　沉管灌注桩施工过程

（a）就位；（b）沉管；（c）放钢筋笼；（d）边拔管边灌注混凝土；（e）桩制成

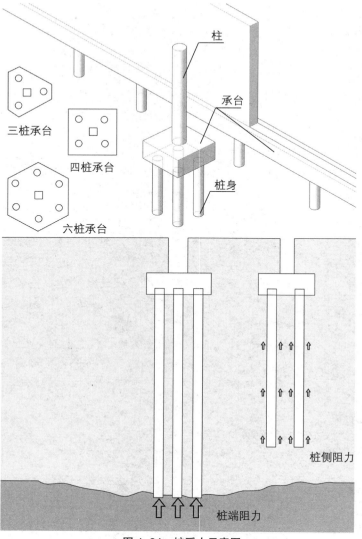

柱

承台

桩身

三桩承台

四桩承台

六桩承台

桩侧阻力

桩端阻力

图 4-24　桩受力示意图

按桩的受力性能，桩可分为端承桩与摩擦桩。竖向受压桩按桩身竖向受力情况，可分为摩擦型桩和端承型桩。摩擦型桩的桩顶竖向荷载主要由桩侧阻力承受；端承型桩的桩顶竖向荷载主要由桩端阻力承受。

当建筑物采用桩基础时，在群桩基础上将桩顶用钢筋混凝土承台或者筏板连成整体基础，以承受其上荷载的传递。钢筋混凝土桩承台将群桩的上端头连接在一起，主要是为了使柱或地面梁传下的荷载平均分布到群桩的各个桩上（图 4-24）。

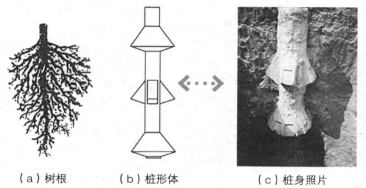

（a）树根　　（b）桩形体　　（c）桩身照片

图 4-25　灌注桩的改进

选用单桩承载力高的桩型可以节省造价、缩短工期，有利于结构设计。为了充分利用土体的承载能力，工程技术人员对混凝土灌注桩进行改造，根据土层不同，在桩身、桩端不同位置采用机械设备进行分支，大大提高了桩侧阻力和桩端阻力（图 4-25）。

4.3.3　基础

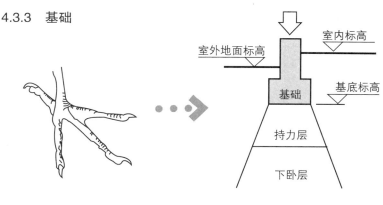

图 4-26　动物的脚爪

水鸟通过大脚爪把体重在松软的地表面扩散开。

图 4-27　基础荷载

为保证建筑物的稳定和安全，基础底面面积 A 须满足公式 $A \geqslant N/f$。$N=$ 建筑物总荷载　$f=$ 地基承载力

基础主要荷载是上部结构在竖直方向上产生的由恒载和活载形成的组合荷载，另外，基础还具有固定上部结构的作用，使建筑能够抵抗风力作用引起的滑移、倾覆和上浮，能够承受地震作用引起的地面运动以及能够抵抗土体和地下水在基础墙上的压力。持力层地基承受的荷载是随土体深度加深而慢慢减小，到一定深度后土体承受荷载可忽略不计，这时的下层土体称为下卧层（图 4-26~ 图 4-30）。

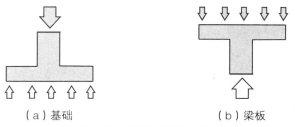

（a）基础　　　　（b）梁板

图 4-28　基础和梁板的比较

基础梁板承受地基反力，地面上梁板承受竖向荷载，二者方向相反。基础梁板可看做倒置的楼面梁板，钢筋混凝土柔性基础也可类似看作倒扣的无梁楼盖的柱帽。

室外设计地面至基础底面的垂直距离称为基础埋深。在满足地基承载力、变形和稳定性要求的前提下，当上层地基的承载力大于下层土时，宜利用上层土做持力层，即基础应浅埋，以降低工程造价，但浅埋深基础有可能使受压地基把基础四周的土挤出，使基础滑移失稳，同时基础也易受到自然因素的侵蚀和影响，因此埋深因素应综合考虑，除岩石地基外，基础埋深不宜小于 0.5m（图 4-31~ 图 4-35）。

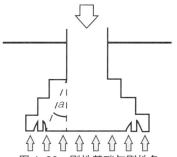

图 4-29　刚性基础与刚性角

刚性基础是由砖石、素混凝土、灰土等刚性材料制作的基础。刚性基础抗压强度高，抗拉、抗剪强度低。刚性基础中压力分布角 a 称为刚性角。设计中应使基础放脚与基础材料的刚性角一致，确保基础底面不产生拉力。砖砌基础的刚性角控制在 26°~33° 之间，素混凝土基础的刚性角应控制在 45° 以内。

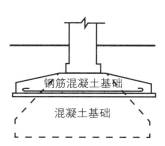

图 4-30　柔性基础与刚性基础

柔性基础在混凝土基础的底部配置钢筋，利用钢筋承受拉力，以提高混凝土受压区的抗拉强度，使基础底部能承受较大的弯矩。与刚性基础相比，柔性基础可以浅埋，当基础宽度加大时不受刚性角的限制，可节省大量材料和挖土工作量。

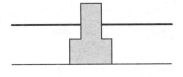

图 4-31 工程地质条件

基础底面应尽量选在常年未经扰动而且坚实平坦的土层或岩石上。

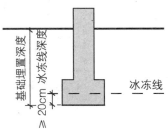

冰冻线

图 4-32 季节性冻土

季节性冻土地区基础埋置深度宜大于场地冻结深度。否则，冬天土层的冻胀力会把房屋拱起，产生变形；天气转暖，冻土解冻时又会产生陷落。

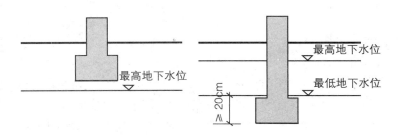

最高地下水位

最高地下水位

最低地下水位

（a）地下水位较低时的基础埋置位置　　（b）地下水位较高时的基础埋置位置

图 4-33 水文地质条件

基础宜埋置在地下水位以上。这样不需进行特殊防水处理，节省造价；当必须埋在地下水位以下时，应采取地基土在施工时不受扰动的措施。

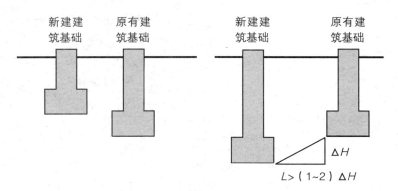

新建建筑基础　　原有建筑基础

新建建筑基础　　原有建筑基础

ΔH

$L > （1\sim2）\Delta H$

图 4-34 不同埋深的相邻基础

当存在相邻建筑物时，新建建筑物的基础埋深不宜大于原有建筑基础。当埋深大于原有建筑基础时，两基础间应保持一定净距，净距大小根据建筑荷载大小、基础形式和土质情况确定，一般不小于相邻两基础底面高差的1~2倍。

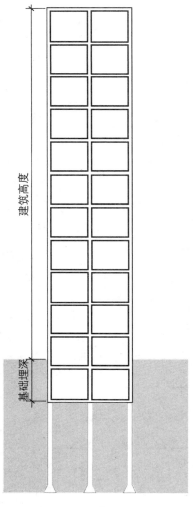

图 4-35 基础埋深

抗震设防区除岩石地基外，天然地基上的箱形和筏形基础埋置深度不宜小于建筑高度的1/15；桩箱或桩筏基础的埋置深度（不计桩长）不宜小于建筑高度的1/18。

点 线 面 体

基础设计综合考虑上部荷载大小、地基承载力及建筑功能要求，选择点、线、面、体等不同形式的基础，通过控制结构与地基的接触面，达到安全、适用、耐久的目的（图 4-36~ 图 4-39 ）。

点

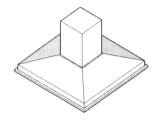

图 4-36 独立基础

当建筑物上部为框架结构或单独柱时，常采用独立基础。

线

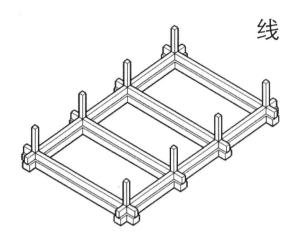

图 4-37 条形基础

当建筑物上部结构系墙承重时，基础形式多为沿墙身设置的长条形基础。

面

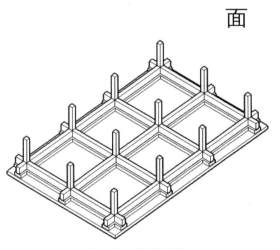

图 4-38 板式基础

当上部结构荷载很大、地基承载力很低、独立基础或条形基础不能满足地基要求时，常将建筑物下部做成整块钢筋混凝土基础，也称为满堂基础或筏式基础。

体

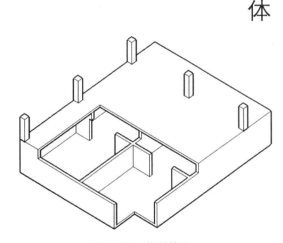

图 4-39 箱型基础

为增加基础刚度，地下室底板、顶板和墙体整体浇筑成箱状，一般适用于高层建筑或在软弱地基上的荷载较大的建筑物。当基础的中空部分尺寸较大时，可用作地下室。

4.3.4 地上结构

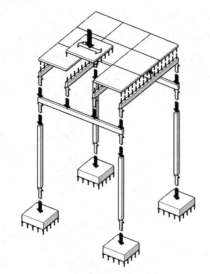

图 4-40 荷载竖向传力路径

结构的基本功能是传递荷载，所有的荷载传递都应具有无间断的连续的荷载路径。荷载路径具体表现为梁、柱、框架、桁架、索、拱或组合结构等结构形式。荷载竖向传力路径和侧向传力路径通常相互关联，传递水平风荷载与地震荷载的水平构件（楼板、屋盖、梁等）最终需要通过竖向构件（墙体或柱）将荷载传至基础。在荷载路径确定的情况下，结构形式的选择仍是多种多样的（图 4-40）。合理的结构选型考验着设计者的专业知识和技巧。

实际建筑结构的体型往往较复杂，但总是可以化繁为简，将其分解为若干简单的体型和体系。在结构设计中，整体与局部之间的转换贯彻始终。结构整体可被划分为若干个结构分体系，每个分体系又可以是局部的整体结构。

水平体系

水平分体系一般由板、梁、桁（网）架组成，也称楼（屋）盖体系，如平板体系、梁板体系、桁（网）架体系等，其承受屋面和楼面的竖向荷载，并传递给竖向结构分体系，主要工作状态以受弯为主；水平方向起隔板和支承竖向构件的作用，维持竖向分体系的稳定（图 4-41~ 图 4-45）。

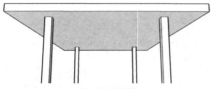

（a）平板体系

平板直接支撑在柱或墙上，这要求平板本身具有较强的承载力，尤其是支撑部位的抗剪能力。它在两个或多个方向上都配有钢筋。制模简单、可以适应较低的楼层高度，同时对柱网布置的要求比较灵活。

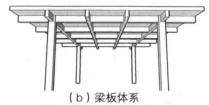

（b）梁板体系

将平板的一部分厚度转化为梁，平板上的竖向荷载通过梁再传给柱，将平板与梁组成一个完整的体系。

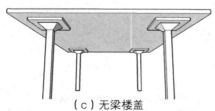

（c）无梁楼盖

无梁楼盖是介于平板与梁板之间的特殊水平体系类型。由于没有梁，与相同柱网尺寸的肋梁楼盖相比，板厚要大，但无梁楼盖的建筑构造高度比梁板分体系小，建筑楼层的有效空间加大，平滑板底可改善建筑采光、通风和卫生条件。

图 4-41 水平体系

4.3.5　水平体系

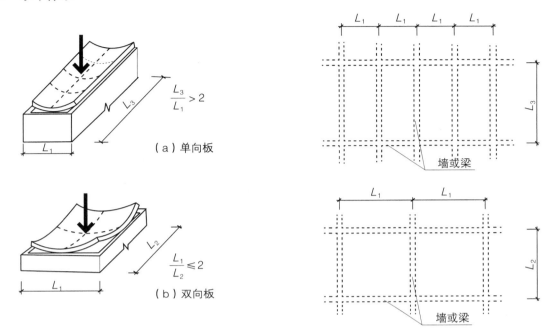

（a）单向板

（b）双向板

墙或梁

墙或梁

图 4-42　钢筋混凝土楼板荷载传递

双向板是在两个方向都配有钢筋的混凝土板，并且与所有的支承梁和柱整体现浇，其支承梁位于方形和近似方形的跨间的四条边上。在中等跨度和大荷载的情况下，或者当结构要求极大的抗侧力时，比较适于采用双向板梁结构。双向板楼板厚为 80~160mm，一般为板跨（短跨）的 1/40~1/35。单向板屋面板板厚 60~80mm，一般为板跨（短跨）的 1/35~1/30；民用建筑楼板板厚 70~100mm；工业建筑的楼板板厚 80~180mm。

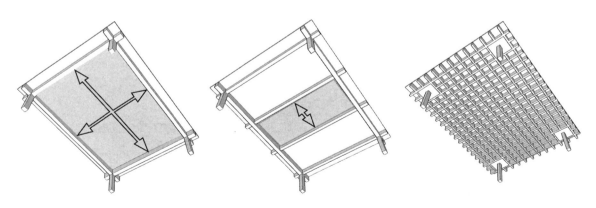

图 4-43　钢筋混凝土梁荷载传递

水平体系从概念上分析，可视为竖向支撑的平板，当平板的竖向荷载过大，板的抗弯、抗剪能力不满足安全、使用要求时，可以增加板厚或增设梁来增强板的强度，也可以通过格构化方式生成双向密肋板来增加板厚度。双向密肋板是两个方向上通过肋条加强的双向混凝土板。密肋板比平板能够承受更大的荷载，并且能够跨越更长的距离。

图 4-44　网架

网架是由许多短直杆件按照某种有规律的几何图形，通过节点连接起来的网状结构。通常将平板型的空间网格结构称为网架，将曲面形的空间网格结构简称为网壳。网架可视为格构化的板，即将板的厚度加大并进行格构化处理，就形成了网架结构。网架可以是双层的，以保证必要的刚度，在某些情况下也可做成三层。平板网架无论在设计、计算、构造还是施工制作等方面均较简便，因此是近乎"全能"地适用大、中、小跨度屋盖体系的一种良好形式。

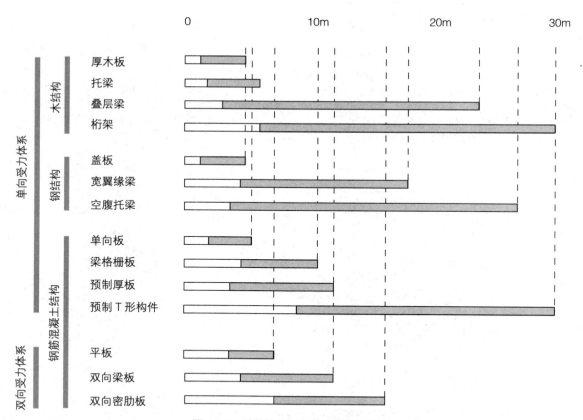

图 4-45　结构构件适用跨度参考范围

独立的简支梁的截面高度与其跨度的比值可为 1/12 左右，独立的悬臂梁的截面高度与其跨度的比值可为 1/6 左右。矩形截面梁的高宽比 h/b 一般取 2.0~2.5；T 形截面梁的 h/b 一般取为 2.5~4.0（此处 b 为梁肋宽）。为了统一模板尺寸，梁常用的宽度为 b=120、150、180、200、220、250、300、350mm 等，而梁的常用高度则为 h=250、300、350……750、800、900、1000mm 等尺寸。

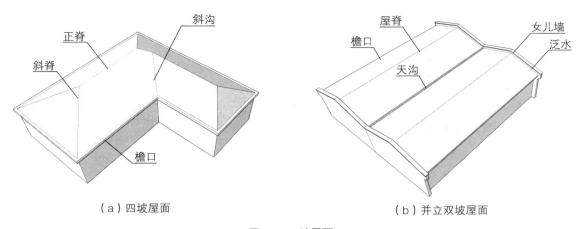

（a）四坡屋面 （b）并立双坡屋面

图 4-46 坡屋面

屋面坡度的表示方法 表 4-1

屋面类型	平屋面	坡屋面	
常用排水坡度	2%~3%		
屋面坡度	百分比法 $H/L \times 100\%$	斜率法 H/L	角度法

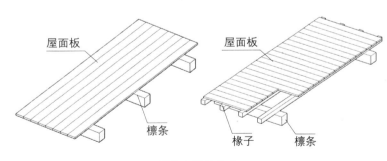

檩条支撑的方式

坡屋面一般有双坡、单坡和四坡屋面等形式，屋面外形远较平屋面复杂，但从结构形式上看，**与平屋面仅是在结构构件坡度大小的区别，作为水平体系无本质不同**。屋面构造除承重结构外，必要时屋面还要设置顶棚、保温层、隔热层等其他功能层。坡屋面包括屋架、檩条、椽子、屋面板、防水卷材、顺水条、挂瓦条和瓦等构件（图 4-46、图 4-47、表 4-1）。

坡屋面的承重结构体系分为檩式屋面结构、椽式屋面结构、板式屋面结构（图 4-48~ 图 4-50）。

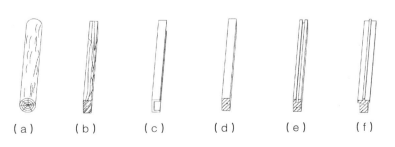

图 4-47 不同材质的檩条
（a）圆木檩条 ;（b）方木檩条 ;（c）槽钢檩条 ;（d）~（f）混凝土檩条

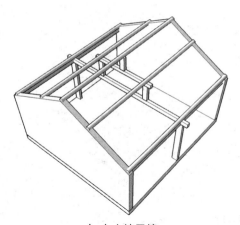

（a）山墙承檩

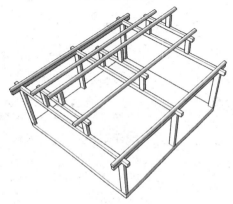

（b）梁架承檩

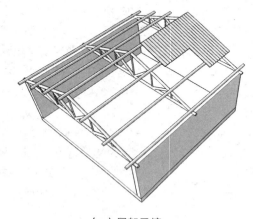

（c）屋架承檩

图4-48　檩式屋面结构

檩式结构是以檩条作为屋面主要支承构件的一种结构类型，应用最为广泛。檩式屋面结构分为山墙承檩、屋架承檩和我国传统的梁架承檩（也称立帖承檩）三种。

檩式屋面结构

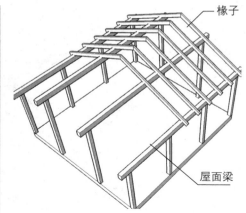

椽式屋面结构

椽子

屋面梁

屋面梁支撑椽条构成的传统体系。是以椽架为主小间距布置的屋面承重方式，椽架的间距一般为400~1200mm。

图4-49　椽式屋面结构

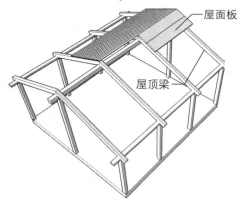

板式屋面结构

屋顶梁

屋面板

檩条

屋面板

屋顶梁

图4-50　板式屋面结构

板式屋面结构有多种构架方式，这取决于屋面梁的方向和间距，用来跨越梁间距的构件和结构组件的总高度。间隔较大的屋面梁支撑着檩条，檩条上是大铺面板或刚性的薄板屋面材料。屋面梁间距范围为1200~2400mm，面板放置在屋面梁上，屋面梁由大梁、柱或者承重墙支撑。

4.3.6　竖向体系

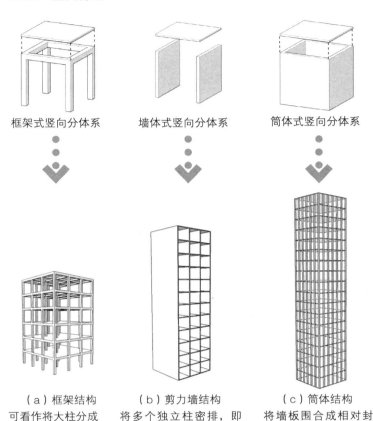

框架式竖向分体系　　墙体式竖向分体系　　筒体式竖向分体系

（a）框架结构
可看作将大柱分成
若干小柱，小柱与
梁连接形成框架。

（b）剪力墙结构
将多个独立柱密排，即
得到有效抵抗水平作用
的剪力墙。剪力墙是高
层建筑中常用的一种结
构形式，尤其在抗震要
求较高的地区。

（c）筒体结构
将墙板围合成相对封
闭的筒体结构，除承
受竖向荷载，还承受
来自不同方向的水平
荷载，刚度在各方向
应一致。

图 4-51　竖向分体系

竖向分体系一般由柱、墙、筒体组成，其竖向承受水平体系传来的竖向荷载，并传给基础体系；水平方向抵抗水平作用力，如风荷载、水平地震作用等，通过竖向分析系传给基础体系。竖向载荷是建筑长期承受的最基本荷载，直接关系到建筑物的安全、适用、耐久。低层和多层房屋结构往往是竖向荷载控制结构设计，随着建筑高度改变，由于竖向荷载在竖向构件中所引起的轴力和弯矩的数值，仅与建筑高度的一次方成正比，而水平荷载对结构产生的倾覆力矩以及由此在竖向构件中所引起的轴力，则是与建筑高度的两次方成正比，因此竖向荷载和水平荷载对结构效应影响发生着变化，水平荷载随着建筑高度的增加在设计中越来越重要，并成为高层建筑结构设计的控制因素（图 4-51、图 4-52）。

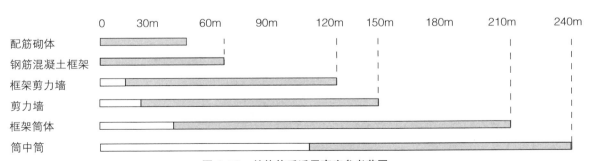

图 4-52　结构体系适用高度参考范围

随着高度增加，建筑结构主要承受弯剪变形，而受压变形相对并不大，因此在高层和超高层建筑中主要以抗压、抗拉、抗弯强度都很高的钢筋混凝土结构和钢结构建筑为主，并通过空间组合，形成框架—剪力墙结构、剪力墙结构以及更具结构优势的框架—筒体结构和筒体结构等，抵抗由水平荷载引起的弯剪为主的结构效应。

4.3.7 水平竖向合一体系

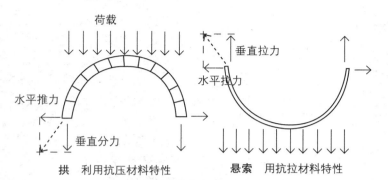

图 4-53　拱与悬索比较

水平竖向合一体系

　　曲线或曲面结构兼具水平体系和竖向体系的传力特性，可以自成结构。拱具有明显的水平、竖向体系共同特性，即拱本身是一个完整的传力体系（图 4-53）。

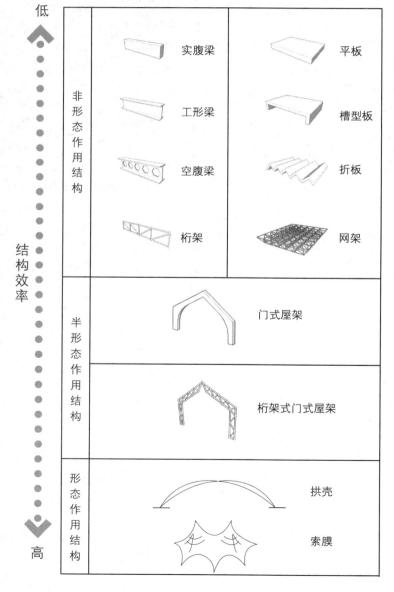

　　如果荷载传递的方式为向四周传递而非单一的线性路径，对应的结构即为空间结构。

　　索膜、拱、气囊这类曲线和曲面结构以轴向受力为主，承载力和变形主要由形态控制，而不是由构件截面高度或厚度控制，结构充分发挥了材料的极限强度，可以用很少的结构材料解决大跨度需要，虽然对形状敏感但受力效率高（图 4-54）。

图 4-54　结构形态与受力效率

4.3.8　通过形式获得抗力

图 4-55　通过形式获得抗力

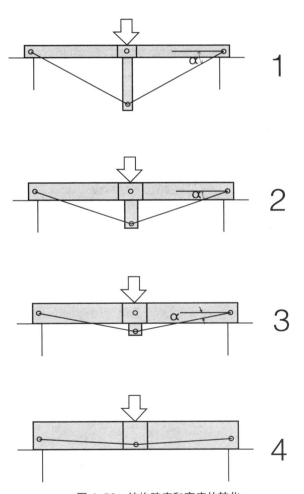

图 4-56　结构跨度和高度的转化

结构设计要保证建筑构件具有足够承载力和良好稳定性，以保证结构安全。结构的承载能力与其材料强度大小、构件截面尺寸和截面形状有关，结构的稳定性与其高度、长度、截面厚度、形状等相关，也就是说，在建筑材料确定的情况下，结构安全与结构形式具有密切关系。

建筑结构材料主要集中于木材、钢筋混凝土、钢等有限材料上，但随着时代发展，建筑功能对水平跨度、竖直高度不断提出新的要求，解决结构技术问题的一个基本方法是形式上通过扩展结构空间来解决跨度高度增加的问题，这也是不得不付出的代价（图 4-55、图 4-56）。

装置 1 中随着 α 变小，桁架下部索链拉应力和上部横杆都迅速增强，当上部横杆的厚度足以抵抗来自索链的压力且不被折断时，实际上成为了梁，梁的厚度就是桁架最小实用高度。虽然装置 4 的结构效率不高，并且使用了更多的材料，但获得了最大经济空间。这也表明在结构材料用量一定的情况下，跨度和高度的加大意味着结构向空间发展。

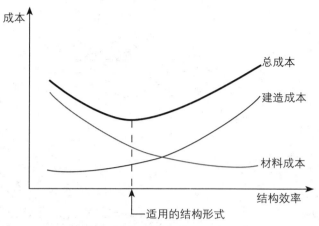

图 4-57 结构效率和成本关系

每种结构形式都有各自的优势和不足，有其适用范围，要结合建筑设计的具体情况进行选择。当有几种结构形式都可能满足建筑设计条件时，经济性是决定性因素。使用高效的结构类型，材料的成本降低，但后者形式往往更复杂，建造费也会增加。曲线显示总成本有一个最低点，也是最经济的结构形式（图 4-57）。

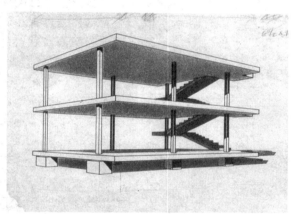

多米诺住宅

结构形式中的创造
仙台媒体中心
伊东丰雄与佐佐木睦朗

伊东丰雄设计的仙台媒体中心采用了类似勒·柯布西耶多米诺住宅的无梁楼板与柱系统，但无论建筑体量还是结构抗震要求，媒体中心要比多米诺住宅复杂得多。现代结构技术的发展为伊东丰雄营造灵动空间提供了可能性。结构工程师佐佐木睦朗使用钢和空间结构应对难题：水平体系上楼板为 400mm 厚的蜂窝状钢楼板，两片楼板之间是钢肋，允许跨度远超过混凝土，如采用无梁钢筋混凝土楼板，楼板厚度可达 800~1000mm，即使采用混凝土梁板，结构梁高也会超过1m。竖向体系上，柱的概念放大到楼层平面，形成螺旋管状筒体结构，柱同时也是楼梯间、电梯间、通风井、采光井空间（图 4-58）。

仙台媒体中心

图 4-58 结构体系比较

4.3.9 砌体结构

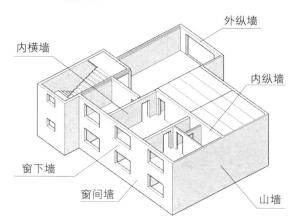

图 4-59 砌体结构墙体名称

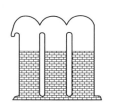

墙体重量约占建筑总重的 40% ~ 65%

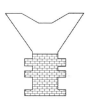

墙体造价约占建筑总造价 30% ~ 40%

图 4-60 砌体结构中墙体的重量与价格

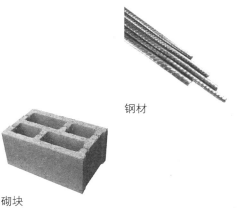

钢材

砌块

混凝土

图 4-61 结构材料

混凝土、砌块、钢材是目前最普遍使用的建筑结构材料，其工业化生产程度高、广泛生产、价格便宜、结构设计理论成熟。钢材受拉性能良好，砌块、混凝土受压性能良好。根据结构的不同需要，三者组合成使用最广泛的砌体结构和钢筋混凝土结构。

图 4-62 砌筑要求

从结构上看，砌体竖缝不及水平缝重要，因为竖缝对张拉力和压力都起不到抵抗作用。

砌体结构是由块体和砂浆砌筑而成的墙、柱作为建筑物主要受力构件的结构，是砖砌体、砌块砌体和石砌体结构的统称。**砌体结构是世界上应用最广、历史最悠久的建筑结构，广泛应用于各类建筑中，但随着现代建筑高度的不断增加，砌体结构由于强度低、整体性能弱而受到限制**（图 4-59~图 4-61）。

砌块砌筑应满足"灰缝横平竖直、错缝搭接、灰浆饱满、薄厚均匀"的要求。错缝搭接是上、下皮块材在墙（柱）砌体长度方向和厚度方向均应形成一定尺寸的搭接，避免上、下块材间的通缝，以保证砌体结构整体性。搭接尺寸一般是块材标准长度的 1/4~1/2（图 4-62、图 4-63）。

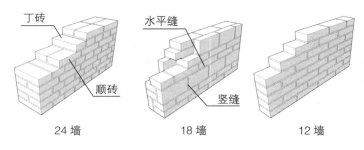

图 4-63　砌筑方式

砌体墙厚及尺寸		表 4-2
墙厚名称	习惯称呼	构造尺寸（实际尺寸）
半砖墙	12 墙	115mm
3/4 砖墙	18 墙	178mm
一砖墙	24 墙	240mm
一砖半墙	36（37）墙	365mm
两砖墙	49 墙	490mm
两砖半墙	62 墙	615mm

砌体的砌筑方式影响结构的强度、稳定性和整体性，对清水结构来说，还影响立面美观。

（a）网状配筋砌体
当砖砌体受压构件的承载力不足而截面尺寸又受到限制时，可以考虑采用网状配筋砌体。

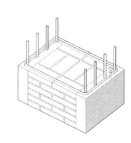

（b）组合砖砌体
在砖砌体内配置纵向钢筋或设置部分钢筋混凝土或钢筋砂浆以共同工作。

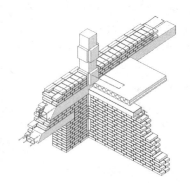

（c）砖砌体和混凝土构造柱组合墙
砖砌体和钢筋混凝土构造柱组成的组合墙，在竖向荷载作用下，砖砌体和钢筋混凝土构造柱之间发生内力重分布，砖砌体承担的荷载减少，构造柱承担荷载增加。砌体中的圈梁与构造柱组成"弱框架"，这种结构对砌体的约束可提高墙体的承载能力和受压稳定性。

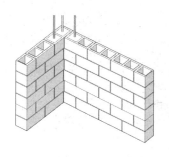

（d）配筋砌块砌体
在混凝土空心砌块的竖向孔洞中配置竖向钢筋，并用混凝土灌孔注芯，同时在砌体的水平灰缝内设置水平钢筋，即形成配筋砌块砌体。配筋砌块砌体具有较高承载力、较好延性以及明显的技术经济优势，在建筑中得到了较广泛应用。

图 4-64　配筋砌体

在砌体中配置钢筋或钢筋混凝土等弹塑性较好的材料是改善砌体受力性能的普遍办法，称作配筋砌体结构。配筋砌体不仅可以提高砌体的强度，也能提高结构的稳定性，常常应用在楼梯间四周墙体、独立砖柱、尺度较小的窗间墙、砌块墙错缝搭接长度不足的上、下皮砌块间及纵、横墙交接处等（图 4-64）。

配筋砌体拓展了砌体结构应用范围，尤其是在多孔砖孔洞内配置钢筋或钢筋混凝土让结构更具有灵活性。

预制装配式结构连接部位相对现浇整体式结构要复杂，但无论采用何种结构，结构构造的基本目的和措施都是围绕保证荷载在构件之间有效传递，保证结构构件间的整体性及连接部位的延性。

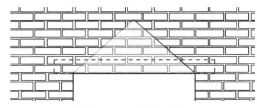

图 4-65　过梁的受力

过梁上的墙体形成的内拱将产生卸载作用,三角形阴影部分的砖不承受力的作用。虚线表示隐蔽的角钢过梁。

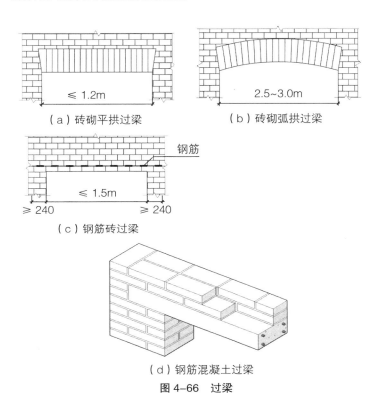

（a）砖砌平拱过梁　　　　≤ 1.2m

（b）砖砌弧拱过梁　　　　2.5~3.0m

钢筋

（c）钢筋砖过梁　　　　≤ 1.5m　　≥ 240　　≥ 240

（d）钢筋混凝土过梁

图 4-66　过梁

钢筋混凝土过梁是砌体结构最常见的过梁形式,有矩形、L 形等形状,宽度同墙厚,高度及配筋根据结构计算确定,两端伸进墙内不少于 240mm。

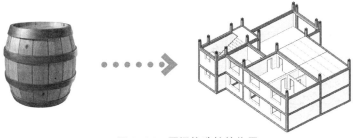

图 4-67　圈梁构造柱的作用

圈梁与构造柱主要作用是提高房屋空间刚度、增加建筑物的整体性,提高砖石砌体的抗剪、抗拉强度,作用就像水桶的抱箍,增强建筑结构的整体稳定性。

过梁是砌体结构房屋墙体门窗洞上常用的构件,它用来承受洞口顶面以上砌体的自重及上层楼盖梁板传来的荷载（图 4-65、图 4-66 ）。

圈梁是在房屋的檐口、窗顶、楼层、吊车梁顶或基础顶面标高处,沿砌体墙水平方向设置封闭状的按构造配筋的混凝土梁式构件。混凝土构造柱是在砌体房屋墙体的规定部位,按构造配筋,并按先砌墙后浇灌混凝土的施工顺序制成的混凝土柱简称构造柱。

非抗震设防区圈梁和构造柱的主要作用是加强砌体结构房屋的整体刚度,防止地基的不均匀沉降或较大振动荷载等对房屋的不良影响。

抗震设防区圈梁和构造柱的主要作用有：增强纵、横墙的连接,提高房屋整体性；作为楼盖的边缘构件,提高楼盖的水平刚度；减小墙的自由长度,提高墙体的稳定性；限制墙体斜裂缝的开展和延伸,提高墙体的抗剪强度；减轻地震时地基不均匀沉降对房屋的影响。圈梁和构造柱的受力比较复杂,故对一般圈梁和构造柱均应按构造要求来进行处理（图 4-67~ 图 4-71、表 4-3、表 4-4 ）。

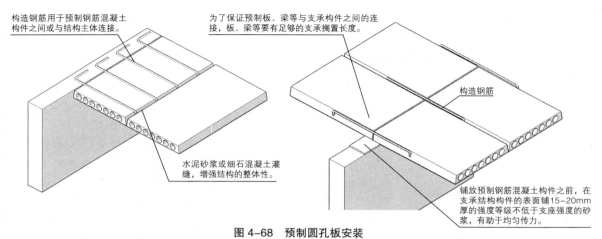

构造钢筋用于预制钢筋混凝土构件之间或与结构主体连接。

为了保证预制板、梁等与支承构件之间的连接，板、梁等要有足够的支承搁置长度。

构造钢筋

水泥砂浆或细石混凝土灌缝，增强结构的整体性。

铺放预制钢筋混凝土构件之前，在支承结构构件的表面铺15~20mm厚的强度等级不低于支座强度的砂浆，有助于均匀传力。

图4-68 预制圆孔板安装

预制构件的实际受力模型要与结构计算模型一致，我国预制圆孔板按单向板设计，楼板安装时不允许将板侧边深入墙体内，否则会导致双向受力使楼板破坏。

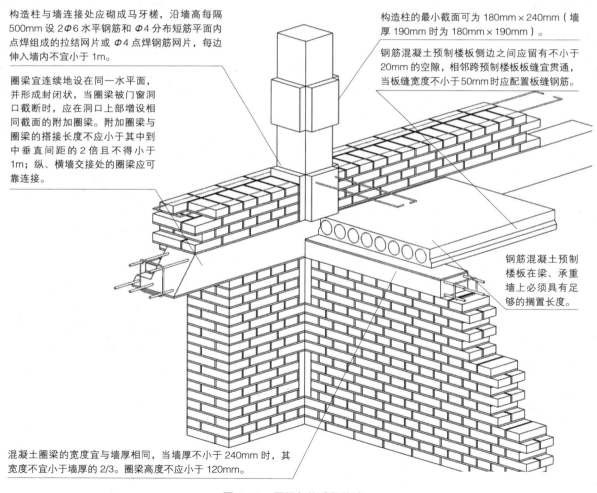

构造柱与墙连接处应砌成马牙槎，沿墙高每隔500mm设2Φ6水平钢筋和Φ4分布短筋平面内点焊组成的拉结网片或Φ4点焊钢筋网片，每边伸入墙内不宜小于1m。

构造柱的最小截面可为180mm×240mm（墙厚190mm时为180mm×190mm）。

圈梁宜连续地设在同一水平面，并形成封闭状，当圈梁被门窗洞口截断时，应在洞口上部增设相同截面的附加圈梁。附加圈梁与圈梁的搭接长度不应小于其中到中垂直间距的2倍且不得小于1m；纵、横墙交接处的圈梁应可靠连接。

钢筋混凝土预制楼板侧边之间应留有不小于20mm的空隙，相邻跨预制楼板板缝宜贯通，当板缝宽度不小于50mm时应配置板缝钢筋。

钢筋混凝土预制楼板在梁、承重墙上必须具有足够的搁置长度。

混凝土圈梁的宽度宜与墙厚相同，当墙厚不小于240mm时，其宽度不宜小于墙厚的2/3。圈梁高度不应小于120mm。

图4-69 圈梁与构造柱构造

多层砖砌体房屋现浇钢筋混凝土圈梁设置要求 表 4-3

墙类	烈度		
	6、7	8	9
外墙和内纵墙	屋盖处及每层楼盖处	屋盖处及每层楼盖处	屋盖处及每层楼盖处
内横墙	同上； 屋盖处间距不应大于 4.5m； 楼盖处间距不应大于 7.2m； 构造柱对应部位	同上； 各层所有横墙，且间距不应大于 4.5m； 构造柱对应部位	同上； 各层所有横墙

多层砖砌体房屋构造柱设置要求 表 4-4

房屋层数				设 置 部 位	
6 度	7 度	8 度	9 度		
四、五	三、四	二、三		楼，电梯间四角，楼梯斜梯段上下端对应的墙体处；	隔 12m 或单元横墙与外纵墙交接处； 楼梯间对应的另一侧内横墙与外纵墙交接处
六	五	四	一	外墙四角和对应转角； 错层部位横墙与外纵墙交接处；	隔开间横墙（轴线）与外墙交接处； 山墙与内纵墙交接处
七	≥六	≥五	≥三	大房间内外墙交接处； 较大洞口两侧	内墙（轴线）与外墙交接处； 内横墙的局部较小墙垛处； 内纵墙与横墙（轴线）交接处

注：较大洞口，内墙指不小于 2.1m 的洞口；外墙在内外墙交接处已设置构造柱时允许适当放宽，但洞侧墙体应加强。

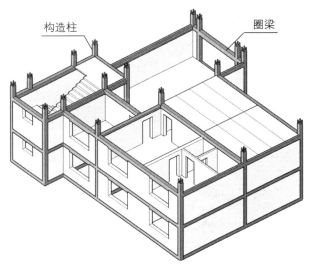

构造柱可不单独设置基础，但应伸入室外地面下 500mm 或与埋深小于 500mm 的基础圈梁相连；现浇或装配整体式钢筋混凝土楼、屋盖与墙体有可靠连接的房屋，应允许不另设圈梁，但楼板沿抗震墙体周边均应加强配筋并应与相应的构造柱钢筋可靠连接。

图 4-70　7 度区砌体房屋圈梁构造柱位置示意

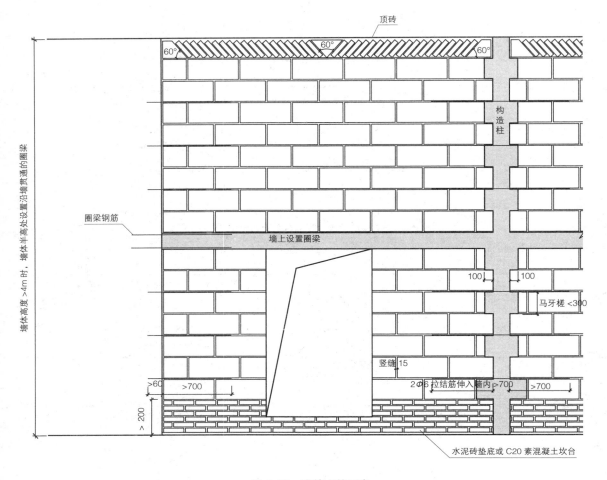

图 4-71　砌块砌筑示意

1. 当砌体结构的墙或柱由于承受集中荷载、开洞以及墙段过长或过高等原因，致使其稳定性不足时，须考虑采取加固措施。如可以适当加大墙体厚度或柱边长尺寸，降低墙体高厚比或柱长细比；提高砌筑砂浆的强度等级；采用配筋砌体；较长墙体中设置构造柱或壁柱等。

2. 砌块墙和砖墙一样，砌筑时要错缝搭接，避免通缝，内、外墙交接需咬砌。砌体结构中设置的现浇钢筋混凝土圈梁、构造柱（或芯柱）等抗震构造措施，对于增强砌体结构的稳定性作用十分显著。墙高大于 4m 时，应每隔 2m 设置在墙高度中部（一般结合门窗洞口上方过梁位置）的通长钢筋混凝土圈梁。

3. 蒸压加气混凝土砌块和轻骨料混凝土小型砌块砌筑的墙体底部应砌混凝土小型空心砖或现浇 C20 素混凝土坎台，高度不宜低于室内地坪以上 200mm。

4. 砌筑时，应减少砌块的规格，提高标准砌块（主块型）使用率。

4.3.10　一个例子——基督圣工教堂砌体结构

图 4-72　基督圣工教堂双曲面墙和屋顶

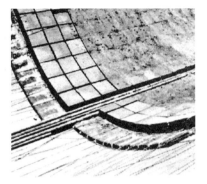

图 4-73　网状钢筋加固砖缝

乌拉圭基督圣工教堂位于一个小村庄，是座为从事农业和手工业村民服务的教堂。建筑师埃拉迪奥·迪埃斯特根据经济条件、气候以及劳动力水平，发掘地方轻巧的砖结构风格。基督圣工教堂双曲线墙发挥了砖的抗压性能，精细的节点、不加修饰的材料和结构和高超的施工水平带来了让人感动的空间品质。村庄教堂突破低廉预算的限制，通过有效的基本结构知识和熟练工匠的帮助，拉迪奥·迪埃斯特把砌体在大跨建筑的使用推动了一大步（图 4-72~ 图 4-76）。

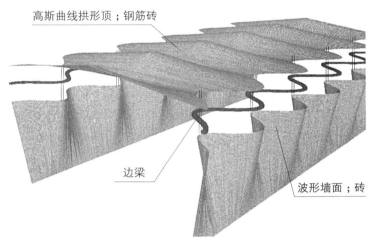

高斯曲线拱形顶；钢筋砖

边梁

波形墙面；砖

图 4-74　基督圣工教堂结构

水平构件增加跨度通常需加大构件厚度或加稳固肋。

竖向构件增加高度通常需加大构件厚度或加稳固肋。

图 4-75　屋面波浪状断面

波浪状屋面提高整体的刚度。为了抵抗曲线的剪应力，用网状钢筋加固砖缝。

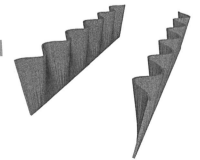

图 4-76　波形墙面

波形墙面形成的空间结构丰富了建筑形式语言，提高了整体刚度。

4.3.11 钢筋混凝土结构

图 4-77 现浇整体式
在现场原位支模并整体浇筑而成的混凝土结构。

图 4-78 预制装配式
由预制混凝土构件或部件装配、连接而成的混凝土结构。

图 4-79 装配整体式
由预制混凝土构件或部件通过钢筋、连接件或施加预应力加以连接，并现场浇筑混凝土而形成整体受力的混凝土结构。

混凝土是由水泥、砂子、石子和水按一定的比例拌和而成。凝固后坚硬如石，受压能力好，但受拉能力差，容易因受拉而断裂。为了解决这个矛盾，充分发挥混凝土的受压能力，在混凝土受拉区域内或相应部位加入一定数量的钢筋，使两种材料粘结成一个整体，共同承受外力。

建筑物的主要承重构件均采用钢筋混凝土制成的结构形式称为钢筋混凝土结构。由于钢筋混凝土构件防火性能和耐久性能好，而且混凝土构件既可现浇又可预制，所以，钢筋混凝土结构是我国目前多、高层民用建筑所采用的最主要的结构形式。

钢筋混凝土结构按其施工方法不同，可分为现浇混凝土结构、装配式混凝土结构和装配整体式混凝土结构（图 4-77~ 图 4-82）。

装配式混凝土结构构件分预应力和非预应力两种。预应力与非预应力构件相比，具有节省钢材和混凝土，自重轻、能承受更大荷载的优点。

一般梁中间底部粗钢筋是受力筋，上部钢筋是架立筋，挑梁则是上部的钢筋是受力筋。梁的两端上部支座处的架立筋起抵抗负弯矩作用，也是受力筋。

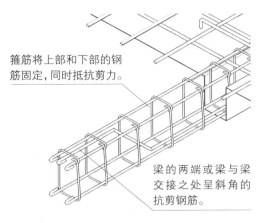

箍筋将上部和下部的钢筋固定，同时抵抗剪力。

梁的两端或梁与梁交接之处呈斜角的抗剪钢筋。

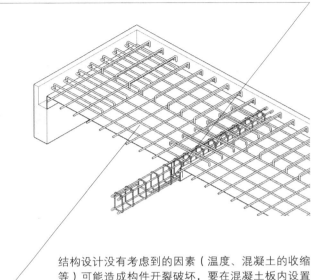

结构设计没有考虑到的因素（温度、混凝土的收缩等）可能造成构件开裂破坏，要在混凝土板内设置分布筋。

图 4-80　现浇钢筋混凝土梁与楼板

按在构件中所起的不同作用，钢筋分为受力筋、箍筋、架立筋、分布筋等。受力筋承受拉力，箍筋承受剪力和扭力。架立筋和分布筋为构造筋，起拉结钢筋、分布应力的作用。现浇钢筋混凝土材料强度和截面尺寸除满足结构计算要求之外，还要满足在经验基础上总结出的构造措施，如为了保护钢筋和保证钢筋与混凝土的粘结力，钢筋的外边缘要有一定厚度的保护层等。

图 4-81　预制钢筋混凝土叠合楼板

预制钢筋混凝土叠合楼板既是整个楼板结构的一个组成部分，同时又为现浇混凝土面层起到永久性模板的作用。预应力混凝土薄板内配有刻痕高强钢丝作为预应力筋，薄板上现浇的混凝土叠合层中可按需要埋设管线。

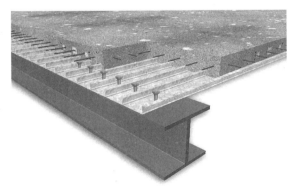

图 4-82　压型钢板组合楼板

压型钢板组合楼板是一种钢板与混凝土组合的楼板形式。利用凹凸相间的压型薄钢板作为一种永久性的模板支承在梁上，上浇细石混凝土以构成一整体型楼板。根据使用功能和楼板受力情况可以在板内配置钢筋，适用于大空间、大跨度建筑的平面灵活布置，板底根据需要一般设置吊顶。

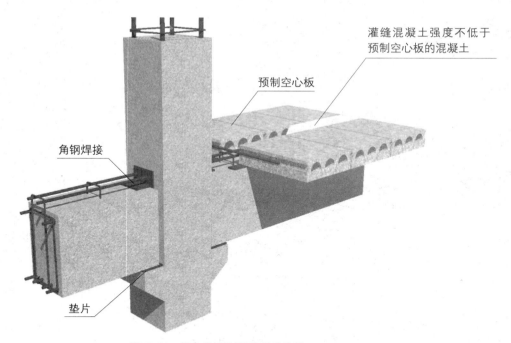

灌缝混凝土强度不低于
预制空心板的混凝土

预制空心板

角钢焊接

垫片

图4-83　梁与柱预制构件焊接连接

预制装配式混凝土结构中，钢筋焊接连接主要用于框架梁等水平结构构件。

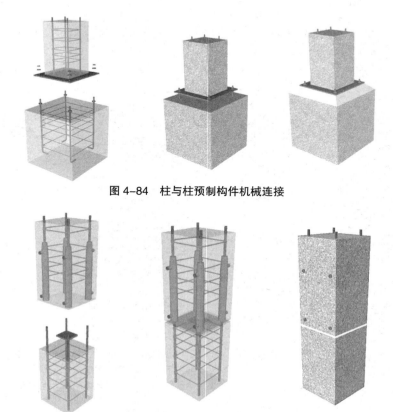

图4-84　柱与柱预制构件机械连接

图4-85　柱与柱预制构件套筒浆锚连接

　　预制装配式混凝土结构依靠节点及拼缝将预制构件连接为整体。通过连接节点合理构造，保证构件的连续性和结构的整体稳固性，使整个结构具有必要的承载能力、刚性和延性，以及良好的抗风、抗震和抗偶然荷载的能力，避免结构体系因偶然因素出现连续倒塌。

　　连接节点应同时满足使用阶段和施工阶段的承载力、稳定性和变形的要求；在保证结构整体受力性能的前提下，应力求连接构造简单、传力直接、受力明确；所有构件承受的荷载和作用，应有可靠的传向基础的连续传递路径。装配式结构节点及接缝处钢筋多采用焊接连接、机械连接及套筒浆锚连接等（图4-83~图4-85）。

4.4　建筑外围护功能

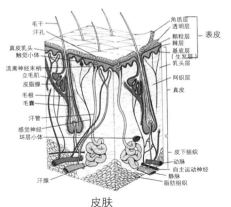

皮肤

人体的第一道防线，保护机体，通过反射调节适应外界环境的各种变化。

服装

人体的第二道防线，保护人体，维持人体的热平衡，适应气候变化的影响。

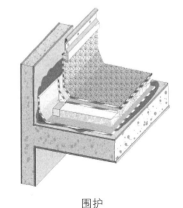

围护

人体的第三道防线，形成舒适室内环境。

图 4-86　人体的三道防线

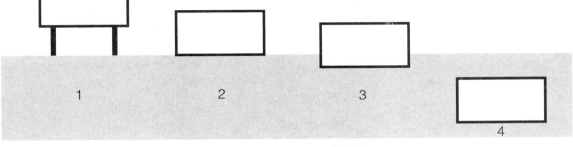

图 4-87　建筑外围护与环境的关系

建筑外围护与环境的关系可划分为 4 种情况，环境越复杂，构造需要面对的的问题就越多。不难看出，外围护 3 的外部环境既有地上部分，又有地下部分，需要解决的构造问题最为复杂。

围护结构包括墙体、屋面、门窗以及地面。从目前看来，建筑结构、环境控制设计主要由结构、设备工程师来完成，围护结构是建筑师重点处理的部分（图 4-86、图 4-87）。

墙体、屋面、门窗以及地面由于在建筑内位置不同，功能有所侧重，但作为围护的一部分，其传递荷载、控制室内环境的基本目的没有任何不同（图 4-88、图 4-89）。

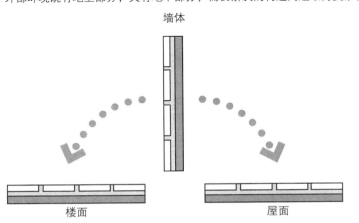

图 4-88　建筑部件的定义

人们为了交流的需要对建筑部件名称进行定义划分，如墙体、楼面、屋面等，但在有些建筑中这些概念会被弱化，甚至无法区分，它们共同的特征是共同作为庇护所的屏障，保护人们的生产与生活。

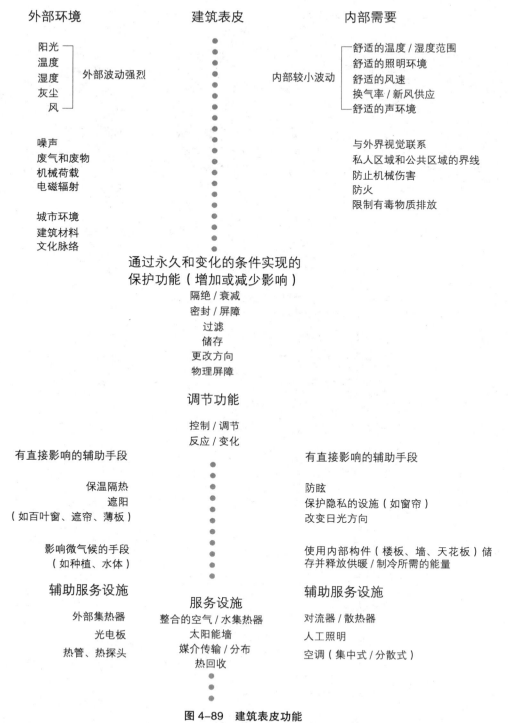

外部环境

阳光
温度
湿度   外部波动强烈
灰尘
风

噪声
废气和废物
机械荷载
电磁辐射

城市环境
建筑材料
文化脉络

建筑表皮

通过永久和变化的条件实现的
保护功能（增加或减少影响）

隔绝 / 衰减
密封 / 屏障
过滤
储存
更改方向
物理屏障

调节功能

控制 / 调节
反应 / 变化

内部需要

舒适的温度 / 湿度范围
舒适的照明环境
内部较小波动   舒适的风速
换气率 / 新风供应
舒适的声环境

与外界视觉联系
私人区域和公共区域的界线
防止机械伤害
防火
限制有毒物质排放

有直接影响的辅助手段

保温隔热
遮阳
（如百叶窗、遮帘、薄板）

影响微气候的手段
（如种植、水体）

辅助服务设施

外部集热器
光电板
热管、热探头

有直接影响的辅助手段

防眩
保护隐私的设施（如窗帘）
改变日光方向

使用内部构件（楼板、墙、天花板）储
存并释放供暖 / 制冷所需的能量

辅助服务设施

对流器 / 散热器
人工照明
空调（集中式 / 分散式）

服务设施

整合的空气 / 水集热器
太阳能墙
媒介传输 / 分布
热回收

图 4-89 建筑表皮功能

建筑表皮是建筑外围护非结构部分，是建筑与外界环境接触交流的主要界面，起着"双向过滤器"的作用，控制光线、空气和热量的内外交流以及水分、尘土、噪声和虫害等侵入，与建筑使用的舒适、健康息息相关，是实现建筑功能的重要元素。外围护在表达建筑理念、体现建筑思想方面扮演着重要的角色。

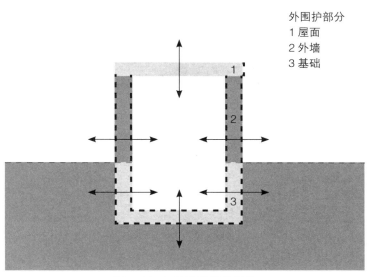

外围护部分
1 屋面
2 外墙
3 基础

图 4-90 不同部位的外围护

外围护的主要作用（图 4-90、表 4-5）：

（1）阻止

雨水及冰雪融水入侵，火灾发生和蔓延等。

（2）控制

空气流动：降低水、冷热空气及水蒸气的流动。

热传递：降低热量的散失或进入。

水蒸气扩散：降低有可能结露的地方的水蒸气扩散。

噪声：降低隔绝噪声。

（3）传递

重力荷载及风和地震作用下的侧向荷载。

（4）美学

不同的建筑使用空间对建筑围护有不同种类和程度的要求。通常，建筑绝热、防水、隔声等受室外环境影响的因素，需要外围护形成完整连续的功能界面。建筑内部特定空间有特殊要求，如音乐厅对音质的要求、浴室对防水的要求等，这需要针对这些部位增加构造层次。

外围护结构和表皮位置关系 表 4-5

墙面 \ 屋面	围护（外）	围护（中）	围护（内）
围护（外）	室外／室内	室外／室内	室外／室内
围护（中）	室外／室内	室外／室内	室外／室内
围护（内）	室外／室内	室外／室内	室外／室内

------- 表皮 ▮ 结构

4.5 示例说明

图 4-91 建筑外景

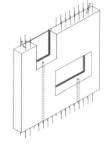

图 4-92 建筑室内

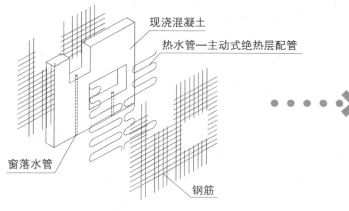

现浇混凝土

热水管—主动式绝热层配管

窗落水管

钢筋

图 4-93 外墙组成

厚度为 300mm 的整体式混凝土外墙，墙内装入利用矿井地下水热能的直径为 25mm 的热水管，形成绝热层。

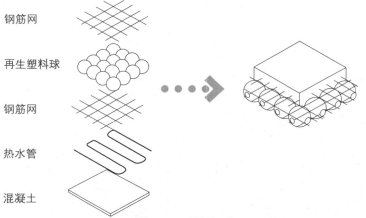

钢筋网

再生塑料球

钢筋网

热水管

混凝土

图 4-94 楼板组成

在现浇楼板中部上下钢筋网之间，使用可回收再生塑料球填充，减少混凝土的使用和结构自重。这种结构板的厚度最大可达 600mm，板的跨度也可增加到 20m。

骨与皮的再诠释

德国关税同盟设计与管理学院
SANAA 与 SAPS，B+G Ingenieure

妹岛和世及西泽立卫的设计作品有其独特的内容，但在他们作品对空间特质的追求的背后，有着对建筑骨与皮的精心技术诠释。德国关税同盟设计与管理学院巨大的空间仅见两根细长的支柱，相关的设备管线、配件全部隐藏在墙面或楼板内。混凝土核心筒和混凝土结构外墙虽然形成巨大结构跨度，但楼板独特构造避免了空间中出现柱网，而且由于内埋热水管，楼板和墙体成了空调设备的一部分（图 4-91~图 4-94）。

4.6　围护节能概念

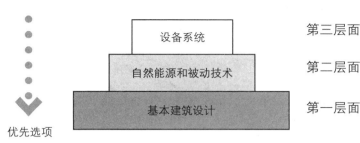

第三层面

第二层面

第一层面

优先选项

图 4-95　建筑节能设计的三个层面

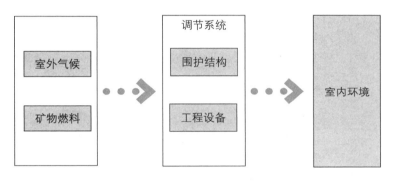

图 4-96　室内气候调节方法

节能设计一般可分为三个层面：

第一层面：基本建筑设计（包括隔热、保温、通风、遮阳、采光等）。通过建筑设计本身来解决舒适度问题，忽略这一层面设计易导致机械、电气设备容量成倍增加。

第二层面：自然能源和被动技术（包括被动式采暖、被动式降温等），涉及通过被动手段对自然能源的利用，该层面技术有助于弥补第一层面局限。

第三层面：机械、电气设备设计（包括采暖制冷设备设计等），这些设备大多通过消耗不可再生能源来解决前两个层面未解决的舒适度问题。建筑构造设计与第一、第二层面密切相关，如果第一、第二层面采取有效措施，可以大大减少第三层面不可再生能源的消耗（图 4-95、图 4-96、表 4-6）。

建筑节能设计重点　　　　　　　表 4-6

	采暖	制冷	照明	通风
基本设计 （第一层面）	能量保持 1. 体形系数 2. 保温设计 3. 冷风渗透	避免过热 1. 遮阳 2. 外表面色彩 3. 隔热 4. 蓄热	天然光 1. 采光窗 2. 窗户玻璃 3. 内表面装饰	自然通风 1. 建筑外形与室内布局 2. 窗户位置与面积 3. 热压通风
气候设计 （第二层面）	被动式太阳能 1. 直接受益 2. 蓄热体 3. 日光间	被动式降温 1. 蒸发降温 2. 对流降温 3. 辐射降温	天然采光 1. 天窗采光 2. 光龛 3. 光井 4. 遮阳	自然通风 1. 风压通风 2. 紊流通风 3. 气流分布 4. 控制系统
设备设计 （第三层面）	采暖系统 1. 辐射体 2. 辐射采暖 3. 暖风系统	制冷系统 1. 制冷设备 2. 制冷顶棚或地板 3. 冷风系统	人工照明 1. 人工光源 2. 灯具 3. 灯具的位置	机械通风 1. 机械排风 2. 机械通风 3. 空气调节

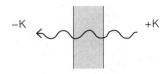

（a）热传递

热能总是从热的（能量较高的）一面传向冷的（能量较低的）一面。有三个基本原理支配着热能的传递：传导、辐射、对流。

（b）对流

当一种流体被加热膨胀就出现自然对流。膨胀的空气密度比周围空气小，因此较凉的空气置换较热的空气使其上升；然后新的空气被加热并重复这一过程，形成对流。建筑物中由底部的较热气流流向较高处的对流常称为"烟囱效应"。

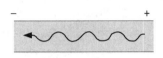

（c）传导

传导是通过材料的热能转移，不同的材料有不同的导热性，受材料表观密度、温度、湿度的影响。尺寸小、封闭且不连通的多孔材料因可截留许多空气，是良好的绝热体。如果材料中有水分，由于液态水比空气的导热系数大，材料的导热系数增大，绝热能力下降。如果水冻成冰，冰的导热系数是水的 4 倍，则材料的绝热能力会大大降低。

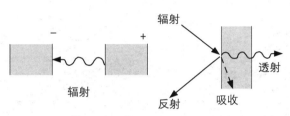

（d）辐射

辐射是由电磁波传送热能。物体发射或吸收辐射热的速率取决于物体表面的性质和温度。粗糙表面有较大的总表面积，可比光滑表面吸收或发射更多的热；黑色表面因吸收最多的光，也吸收最多的热；良好的吸收体都是良好的发射体。辐射表面性质可用于促进或抑制热辐射，例如使用铝箔层绝热。

图 4-97　热传递的基本原理

建筑热工基本概念 　　　　　　　　　　　　　　　　　　　表 4-7

露点温度	在大气压力一定、含湿量不变的情况下，未饱和的空气因冷却而达到饱和状态时的温度
冷凝或结露	特指围护结构表面温度低于附近空气露点温度时，表面出现冷凝水的现象
导热系数	在稳定条件下，1m 厚的物体，两侧表面温差为 1℃，1h 内通过 1m² 面积传递的热量，单位 W/（m·K），用 λ 值表示。导热系数由实验测定，反应材料本身热工特性，与材料的组成结构、密度、含水率、温度等因素有关
传热系数	在稳态条件下，围护结构两侧空气温度差为 1℃，1h 内通过 1m² 面积传递的热量，单位 W/（m²·K），用 K 值表示。传热系数往往考虑导热、对流、辐射三种传热方式对围护结构的综合作用。在表示玻璃导热系数时，有时采用美国常用传热系数 U 值表示。U 值和 K 值基本概念相同，但由于测试条件的不同，U 值和 K 值数值有差异
传热阻	表征围护结构（包括两侧表面的空气边界层）阻抗传热能力的物理量，为传热系数的倒数
热惰性指标	表征围护结构对温度波衰减快慢程度的无量纲指标，用 D 值表示。单一材料围护结构，$D=RS$；多层材料围护结构，$D= \sum RS$。式中 R 为围护结构材料层的热阻，S 为相应材料层的蓄热系数。D 值越大，温度波在其中的衰减越快，围护结构的热稳定性越好

4.7 保温与隔热

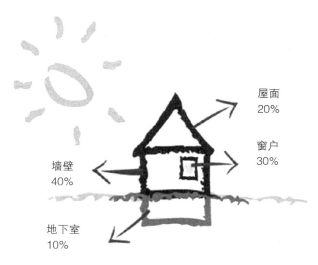

屋面
20%

窗户
30%

墙壁
40%

地下室
10%

图 4-98 外围护热量散失比例示意

材料	导热系数 [W/ (m·K)]
结构钢	50
大理石	3.5
正常重量混凝土	2.1
固态黏土制品	0.96
玻璃	0.8
聚氨酯	0.35~0.58
硬木	0.2
聚苯乙烯	0.047
空气	0.024
真空	0

大

小

图 4-99 材料的导热性能

真空是最好的保温材料，其次是气体和固体。

保温通常是指围护结构在冬季阻止由室内向室外传热，使室内保持适当温度的能力；隔热通常指围护结构在夏季隔离太阳辐射热和室外高温的影响，从而使其内表面保持适当温度的能力。两者都是隔绝围护结构室内室外热量传递，也可统称为绝热。保温与隔热主要区别在：

（1）传热过程不同。保温是针对冬季的传热过程，而隔热针对夏季的传热过程。冬季室外气温在一天中波动很小，其传热过程以稳定传热为主；夏季室外气温和太阳辐射在一天中随时间有较大的变化，是周期性的不稳定传热。

（2）评价指标不同。保温性能通常用传热系数或传热阻来评价。隔热性能通常用夏季室外计算温度条件下，围护结构内表面最高温度值来评价。在现行节能设计标准中，隔热直接用围护结构的热惰性指标（D 值）来衡量，透明玻璃用遮阳系数 Sc 来评价。

（3）节能措施不同。冬季保温一般只要求提高围护结构的热阻，采用轻质多孔或纤维类材料，通过复合保温或自保温来满足节能要求。夏季隔热不仅要求围护结构有较大的热阻，而且要求有较好的热稳定性（即 D 值较大）；对外窗还应该降低玻璃的遮阳系数或设置遮阳，以减少太阳辐射热。

4.7.1 绝热基本构造方法

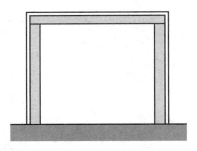 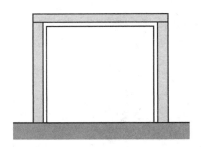

采取轻质高效保温材料与砖、混凝土或钢筋混凝土等材料组成的复合结构。

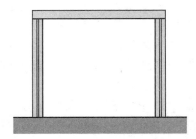 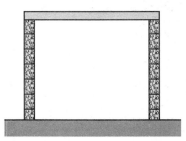 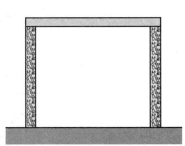

采用封闭空气间层或带有铝箔的空气间层。

采用多孔黏土空心砖或多排孔轻骨料混凝土空心砌块墙体。

采用密度为 500~800kg/m² 的轻混凝土和密度为 800~1200kg/m² 的轻骨料混凝土作为单一材料墙体。

图 4-100　保温措施

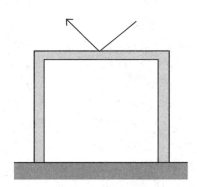 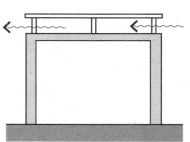

反射热量的大小取决于屋面表面材料的颜色和粗糙程度，色浅光滑的表面具有较大反射率，如屋面采用浅色砾石、混凝土或涂刷白色涂料，均可起到明显降温作用。

设置通风间层，如通风屋面、通风墙等。通风屋面常有 2 种方式。一是在屋面上做架空通风隔热层，如架空预制板等。另一种是用吊顶棚内空间做通风间层，通过通风孔使吊顶棚内的空气迅速对流。通风屋面风道长度不宜大于 10m，间层高度以 20cm 左右为宜。基层上面应有 6cm 左右的隔热层。

图 4-101　隔热措施

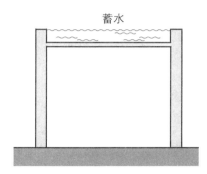

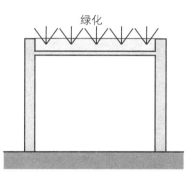

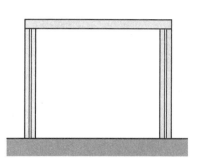

蓄水屋面。水面宜有水浮莲等浮生植物或白色漂浮物。水深宜为 15~20cm。

采用有土、无土植被屋面或墙面垂直绿化。借助栽培介质吸热、植物吸收阳光和遮挡阳光达到隔热目的。

设置带有铝箔的封闭空气间层。当为单面铝箔空气间层时,铝箔宜设在温度较高的一侧。

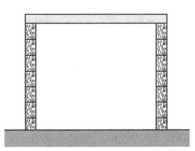

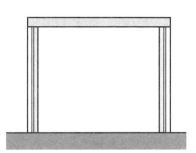

采用双排或三排孔混凝土或轻骨料混凝土空心砌块墙体。

复合墙体的内侧宜采用厚度为 10cm 左右的砖或混凝土等重质材料。

图 4-102 隔热措施

提高围护结构热稳定性措施

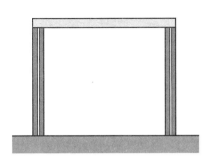

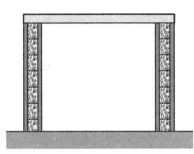

采取复合结构时,内外侧宜采用砖、混凝土或钢筋混凝土等重质材料,中间复合轻质保温材料。

采用加气混凝土、泡沫混凝土等轻混凝土单一材料墙体时,内外侧宜作水泥砂浆抹面层或其他重质材料饰面层。

图 4-103 提高围护结构热稳定性措施

4.7.2　绝热层与结构关系

图 4-104　地面保温层施工

随着建筑节能标准的提高，围护构造往往需要单独设置导热系数小的材料作为绝热层。绝热层是建筑表皮的一部分，与结构层的位置关系可划分为在其外侧、在其中和在其内侧三种情况。

绝热层 ┄┄┄┄┄┄┄┄┄┄　室内

结构层 ──────────

　　　　　　　　　　　　土壤

地面绝热层多数铺贴在垫层上。无论用作面层或垫层的混凝土，均须按《建筑地面设计规范》GB50037-2013要求分仓浇筑或留缝（伸缝或缩缝）；地面垫层一般采用60厚C15混凝土，如地面荷载大，则需改变厚度或配筋。混凝土垫层应在纵横向设置缩缝，纵向缩缝应采用平头缝或企口缝，间距为3~6m（图4-104、图4-105）。

── 40厚C20细石混凝土，表面撒1:1水泥砂子随打随抹光，内配 Φ3@50钢丝网片
── 0.2厚塑料膜隔离层
── 聚苯乙烯泡沫板绝热层（或加气混凝土或水泥膨胀蛭石，厚度见工程设计）
── 0.2厚塑料膜隔离层
── 20厚1:3水泥砂浆找平
── 水泥浆一道（内掺建筑胶）
── 60厚C15混凝土垫层
── 素土夯实

图 4-105　绝热地面构造

隔离层又称浮筑层，将各层相互分离，以适应各自的变形；季节性冰冻地区的地面，在冻深范围内应设置防冻胀层，材料一般为中粗砂、砂卵石、炉渣、石灰等。

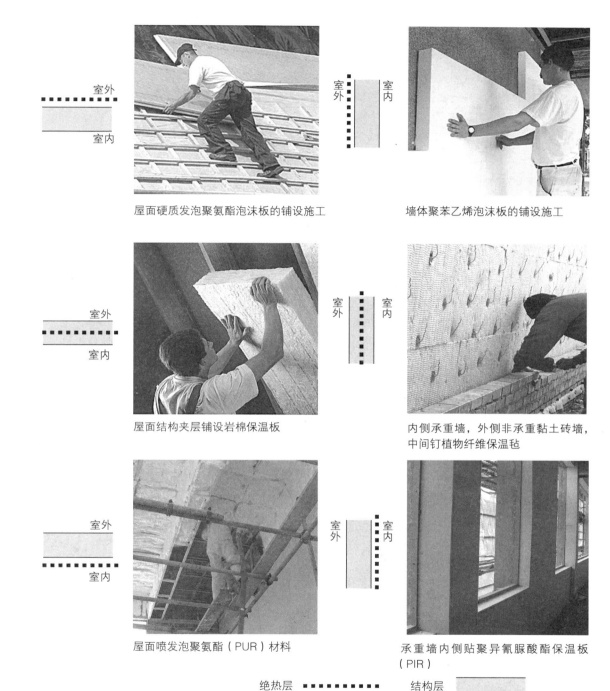

室外
室内

屋面硬质发泡聚氨酯泡沫板的铺设施工

室外　室内

墙体聚苯乙烯泡沫板的铺设施工

室外
室内

屋面结构夹层铺设岩棉保温板

室外　室内

内侧承重墙，外侧非承重黏土砖墙，中间钉植物纤维保温毡

室外
室内

屋面喷发泡聚氨酯（PUR）材料

室外　室内

承重墙内侧贴聚异氰脲酸酯保温板（PIR）

绝热层 ■ ■ ■ ■ ■ ■ ■ ■ 　　结构层

图 4-106　绝热层与结构的关系

屋面及墙体的绝热构造中，绝热材料由于不承重，选择灵活性比较大，板块状、纤维状、松散颗粒状材料均可采用。

4.7.3 勒·柯布西耶对幕墙技术的设想

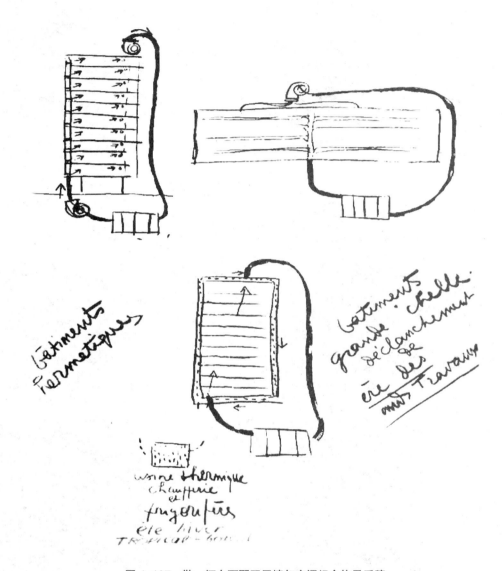

图 4-107　勒·柯布西耶双层墙与空调组合构思手稿

普通玻璃幕墙结构的热工性能是通过材料来实现的。幕墙玻璃最早采用单层玻璃，然后是单层镀膜玻璃，接着发展到中空玻璃和低辐射玻璃。幕墙型材使用铝导热性大，绝热性能不好，后来在其中内嵌隔热条，即采用断热铝型材减缓热传导。通过材料提高建筑绝热性能现在已基本发展到极限，今后主要从围护材料的构造上提升建筑节能性能。20 世纪 80 年代初，热通道幕墙（双层玻璃幕墙）开始应用，最初对热通道幕墙研究始于勒·柯布西耶 1930 年在巴黎救世军旅馆中"mur neutralisant"的设想，由于当时缺乏资金，旅馆外层玻璃和空调设备取消，建成的建筑内部环境热工性能并不理想，但勒·柯布西耶的多层玻璃幕墙构想仍对当代幕墙技术具有很大的启示。

4.7.4　冷热桥

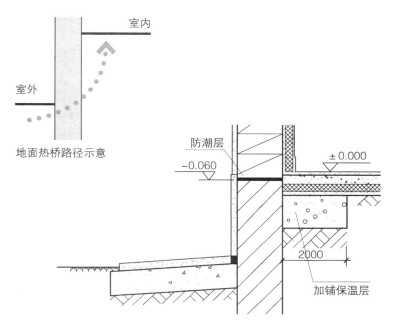

地面热桥路径示意

图 4-108　地面热桥

为提高采暖建筑地面的保温水平并有效地节能，严寒地区及寒冷地区应附设保温层。对于周边无采暖管沟的采暖建筑地面，沿外墙加铺保温层，保温材料层的热阻不得低于外墙的热阻。

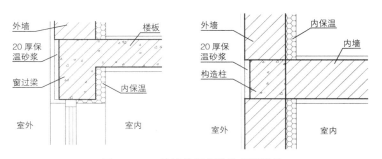

图 4-109　外墙热桥部位外保温措施

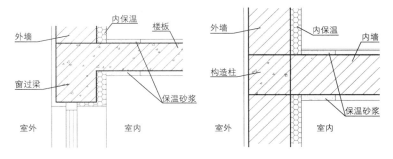

图 4-110　外墙热桥部位内保温措施

建筑围护结构中局部构造的不同，在室内外温差的作用下，形成热流相对密集传递的通道，称为热桥或冷桥，我国《民用建筑热工设计规范》GB50176-93 统称为"热桥"。设置集中采暖的建筑物，其热桥部位的传热阻应大于或等于建筑物所在地区最小传热阻要求。最小传热阻是指围护结构在规定的室外计算温度和室内计算温度条件下，为保证围护结构内表面温度不低于室内空气露点温度，从而避免结露，同时避免人体与内表面之间的辐射热过多、引起的不舒适感所必需的传热阻。

加强保温是处理热桥的有效办法。外墙外保温的保温层覆盖整个外墙面，有利于避免热桥的产生。外墙内保温可以提高外墙内表面温度，但外墙与隔墙、外墙与楼板等连接处的热桥比较明显。玻璃棉、岩棉龙骨内保温系统，应设置隔汽层，并考虑金属固定件、承托件的热桥影响。采用内保温系统的砌体结构外墙宜避免现浇混凝土圈梁和构造柱等混凝土构件外露，不能避免时，宜在圈梁和构造柱外侧用高效保温材料做保温层。同时宜在墙体易裂部位以及屋面板、楼板相应部位采取构造加强措施（图 4-108~ 图 4-110 ）。

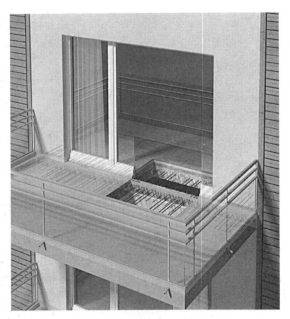

图 4-111　断热钢筋混凝土阳台

当阳台混凝土楼板穿过建筑物主体延伸向外时，由于内外温差，易在楼板墙体连接处产生热桥效应。典型的阳台板与散热片结构非常相似。天气寒冷时，由于表面积相对较大，阳台板在流通的空气作用下，冷却速度非常快，导致热量由内向外传递，墙壁表面的温度降到露点以下。如果湿度高，墙壁很容易发霉。天气炎热时，由于建筑物内部使用空调，热桥效应则会导致较大能量消耗。断热钢筋混凝土阳台通过楼板和外墙连接处设置聚苯乙烯等断热构造，达到阻止热桥形成的目的（图 4-112）。

断桥绝热门框　　　　　　　　　　浮筑地板

室外楼板

聚苯乙烯绝热系统

墙体夹层保温

箭头指向室外楼板

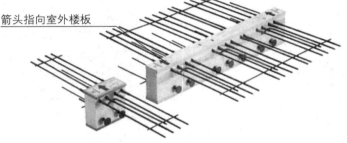

图 4-112　钢筋混凝土阳台断热工作原理

4.8　水渗透概念

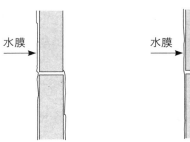

水膜 →

毛细作用将水吸入透水
材料的微孔中

空腔

空腔阻止水通过

（a）水的毛细现象

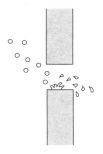

落下冲击力将水推入
缝隙

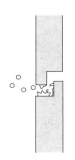

覆盖开口避免水直接流
入，避免水飞溅

（b）下落水的动能

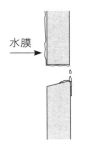

水膜 →

截口

水可以由于表面张力的作
用流入室内

设计凹槽或者滴水有
助于形成水滴并且阻
止其流过

（c）水的表面张力

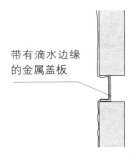

带有滴水边缘
的金属盖板

水可以流过建筑表面并且沿
着洞口和空腔进入内部

金属盖板可以把重力形
成的水流引到室外

（d）水的重力

外部气压
P1

内部气压
P2

P1 > P2

气压差促使水向低压区流动

外部气压
P1

内部气压
P2

空腔气压
P3

P1=P3

利用排气孔使气压差降
至最低，设置排水空腔。

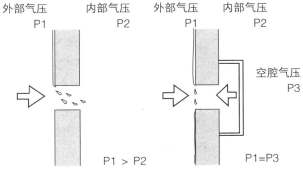

（e）内外气压差

根据工程实践，由于受
温度变化、结构受力变形及施
工等的影响，构件及接缝处常
出现变形和裂缝，这也是建筑
防水的薄弱部位，构造设计需
根据水的渗透特点，针对性地
采取防护措施，同时满足热
工、防火及装饰等的要求（图
4-113）。

图 4-113　水的渗透原理

4.9 建筑防水

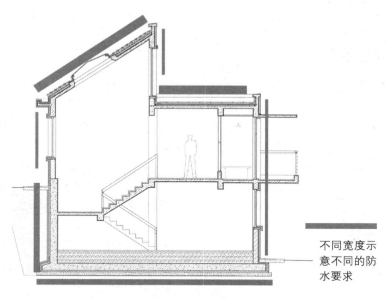

不同宽度示意不同的防水要求

图 4-114　建筑不同部位对防水的不同要求

屋面节点部位形状比较复杂，应力和变形集中，雨水冲刷频繁，易受外力破坏，为保证防水构造的可靠性和耐久性，需采用多层次、多材料的复合防水和附加增强处理。

屋面防水等级和设防要求　　　　　　　表 4-8

防水等级	建筑类别	设防要求
Ⅰ级	重要建筑和高层建筑	两道防水设防
Ⅱ级	一般建筑	一道防水设防

屋面卷材和涂膜防水等级和防水做法　　　表 4-9

防水等级	防水做法
Ⅰ级	卷材防水层和卷材防水层、卷材防水层和涂膜防水层、复合防水层
Ⅱ级	卷材防水层、涂膜防水层、复合防水层

瓦屋面防水等级和防水做法　　　　　　表 4-10

防水等级	防水做法
Ⅰ级	瓦 + 防水层
Ⅱ级	瓦 + 防水垫层

金属板屋面防水等级和防水做法　　　　表 4-11

防水等级	防水做法
Ⅰ级	压型金属板 + 防水垫层
Ⅱ级	压型金属板、金属面绝热夹芯板

屋面防水工程根据建筑物的类别、重要程度、使用工程要求确定防水等级，并按相应等级进行防水设防，对防水有特殊要求的建筑屋面，需进行专项防水设计。屋面防水常用材料是卷材、涂膜、瓦和金属板。

建筑防水是为防止雨水、地下水、工业与民用给排水、腐蚀性液体以及湿气、蒸汽等对建筑渗透，所采取措施的统称。按防水措施可分为材料防水和构造防水。材料防水强调利用不透水材料形成完整屏障，重在"堵"，基本原理是用一层不透水的材料形成完整屏障防水；构造防水强调通过各层防水屏障"协同"工作达到防水、防漏的目的，重在"疏"，基本原理是用两道甚至多道防水屏障，考虑漏水的可能性并用构造方法排出。实际应用常常通过"堵"和"疏"相结合以达到最佳防水效果（图 4-114）。

建筑防水常用材料有防水卷材、防水涂膜、瓦、金属板、防水砂浆等（表 4-8~表 4-11）。

防水卷材防水层是用粘结材料将防水卷材粘贴在防水部位，形成封闭防水覆盖层。防水卷材包括合成高分子防水卷材和高聚物改性沥青防水卷材。

涂膜防水层是将可塑性和粘结力较强的高分子防水涂料直接涂刷在基层上，形成满涂不透水薄膜以达到防水目的，主要有合成高分子防水涂料、聚合物水泥防水涂料和高聚物改性沥青防水涂料。

防水卷材和涂膜要设保护层，以防被硬物破坏而渗漏。

复合防水层是指卷材和涂料组合而成的防水层。用于复合防水层的卷材和涂料应具有相容性，能够性能互补。卷材一般设置在涂膜的上面，卷材应具有较好的耐久、耐穿刺性能。

金属板作为屋面防水材料的优点是防水好、自重轻，在高烈度地震区比瓦材等重型屋面更具有优越性。但是，金属板防水材料造价高、维修费用大，需解决防锈及耐腐蚀的问题。常见的金属板屋面防水材料有镀层钢板、涂层钢板、铝合金板、不锈钢板和钛锌板等（图 4-115）。

（a）防水卷材防水层

（b）涂膜防水层

（c）瓦屋面防水层

（d）金属板屋面防水层

图 4-115 屋面防水

屋面防水层应充分考虑气候环境和使用环境等一系列的影响，如具有一定的拉伸性能和低温柔性，能较好地适应基层结构及温度变化引起的变形；外露的防水层应耐紫外线、耐老化、耐霉烂；种植屋面应选择耐根穿刺防水卷材等。需要注意的是，**有些材料虽然具有防水性能，但不属于屋面防水设防，如混凝土结构层、装饰瓦及不搭接瓦、隔汽层、细石混凝土等。**

地下工程防水材料与屋面防水材料有所不同，地下室迎水面主体结构应采用防水混凝土，除防水涂料、防水卷材、金属防水板外，防水砂浆、塑料防水板、膨润土防水材料也可作为一道防水措施。

4.10 古人的防水智慧

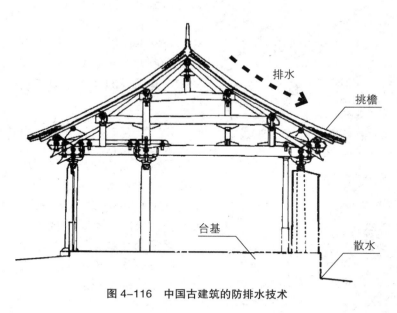

图 4-116 中国古建筑的防排水技术

宋《营造法式》中讲："凡开基址，需相视地脉虚实"。中国古建筑选址通常位于地势较高的地方或起台基而建。台基可以防水避潮、稳固屋基。通过建筑高度提升以防水，通过夯实土层隔离地下潮气，避免木构架受潮腐朽，保证室内较为干燥的环境。硬山、悬山建筑在前后位置，庑殿、歇山在四周布置散水。建筑通过斗栱挑檐和外廊，保护门窗和外墙免受雨淋。屋面通过坡度设计以利排水，如靠近屋脊两侧坡度较陡，而在檐部的坡度放缓，利用陡坡使水冲出檐外（图 4-116）。屋面瓦上下左右搭接，瓦下的青灰背类似现在的水泥砂浆，青灰背上铺灰背，灰背由磨细石灰与细黏土混合拍实，作用如刚性混凝土防水层。中国古建筑的多道设防方法类似现代屋面防水构造（图 4-117）。

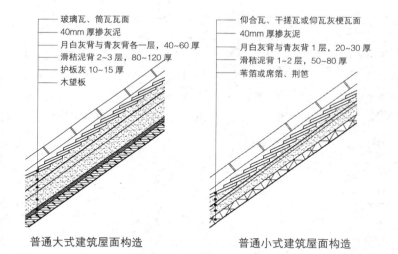

普通大式建筑屋面构造　　普通小式建筑屋面构造

图 4-117 古建筑屋面一般构造

古建筑屋面由基层、苫背层、结合层和瓦面四部分组成。瓦分为琉璃瓦屋面和陶质瓦屋面。屋面处理以排水为主、防水为辅，为了做到更好的防水，特别注意屋面瓦的摆放和瓦缝的处理。瓦从下往上依次摆放，做到"三搭头压六露四，稀瓦檐头密瓦脊"（每三块瓦中，第一块和第三块瓦能做到首尾搭头，瓦在檐头部位适当少搭点，脊根部位多搭点）。铺底瓦时做到"不合蔓，不喝风"（要求底瓦合缝严实）。

4.11　防潮概念

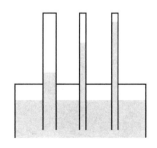

图 4-118　毛细现象
浸润液体在细管里升高的现象和不浸润液体在细管里降低的现象，称做毛细现象。

高水蒸气密度（高蒸汽压）　　　　　低水蒸气密度（低蒸汽压）
或者构件的温暖部分　　　　　　　　或者构件的寒冷部分

图 4-119　蒸汽扩散
水分子在蒸汽状态下会因为压力差（浓度梯度）或者温度差（热力梯度）出现穿过材料的移动。

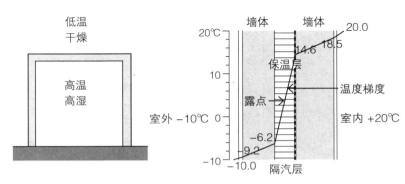

图 4-120　隔汽层
设置隔汽层是防止结构内部冷凝受潮的一种措施，但隔汽层影响结构的干燥速度，必须设置隔汽层时，要控制保温层施工湿度，避免湿法施工。

通常，把建筑防止空气湿气或土壤毛细水等冷凝水或无压水的做法称作防潮。

防潮主要包括以下两点：

（1）毛细现象受潮

土壤中的毛细水会沿着与建筑接触部位（基础、墙身、地下室等）进入建筑。

建筑中的湿气会破坏建筑结构，造成霉菌滋长，材料微观结构的破坏，承重结构的瓦解，防潮保温层失效，因此需阻止建筑中产生湿气或者让湿气可以被干燥或排出（图 4-118）。

（2）冷凝受潮

在室内空气湿度较高，围护系统温度较低的情况下，水蒸气接触围护系统表面或扩散到内部断面，这些部位温度如果低于露点温度，水蒸气会凝结成水，导致围护结构传热系数增大，如果温度低于冰点，还会出现冻融循环交替，造成围护结构的损坏。在我国纬度 40°以北地区且室内空气湿度大于 75%，或其他地区室内空气湿度常年大于 80% 的地区，应设隔汽层（图 4-119、图 4-120）。

4.12 建筑防潮

建筑防潮的目的是要阻断水在毛细作用下的上行通道，具体的防潮部位有墙身、室内地坪以及地下室的侧墙和地坪。防潮需在建筑物下部与地基土壤接触的所有部位建立一个连续的、封闭的、整体的防潮屏障（图4-121、图4-122）。

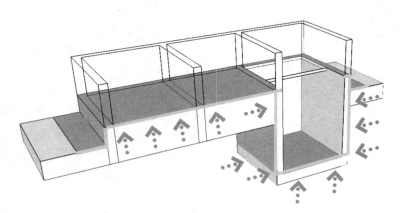

··➤ 潮气示意

—— 防潮面示意

图4-121　潮气路径

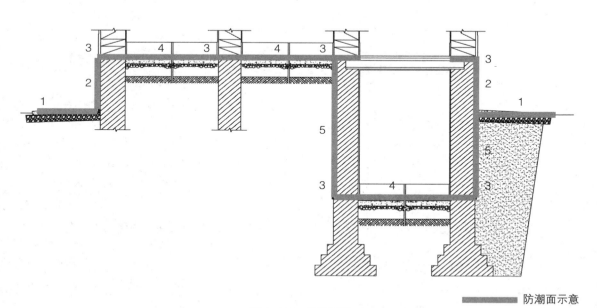

████ 防潮面示意

图4-122　防潮屏障

1.散水；2.勒脚；3.墙身水平防潮层；4.室内地坪防潮层；5.墙身垂直防潮层

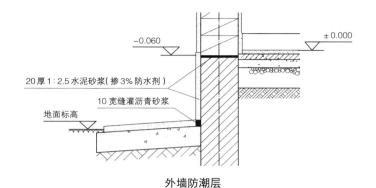

−0.060　　　　　　　　± 0.000

20 厚 1:2.5 水泥砂浆（掺 3% 防水剂）

10 宽缝灌沥青砂浆

地面标高

外墙防潮层

20 厚 1:2.5 水泥砂浆抹面
60 厚 C20 细石混凝土
100 厚 C15 素混凝土（或 150 厚 3:7 灰土）
素土夯实

20 厚 1:2.5 水泥砂浆（掺 3% 防水剂）

图 4-123　实铺式地坪防潮

20 厚 1:2.5 水泥砂浆（掺 3% 防水剂）

10 宽缝灌沥青砂浆

室外地面

2:8 灰土或素黏土回填分层夯实

20 厚 1:2.5 水泥砂浆外刷 1.2 厚聚氨酯防水涂膜，固化前外抹 20 厚 1:3 水泥砂浆保护

20 厚 1:2.5 水泥砂浆抹面
60 厚 C20 细石混凝土
100 厚 C15 素混凝土（或 150 厚 3:7 灰土）
素土夯实

20 厚 1:2.5 水泥砂浆（掺 3% 防水剂）

常年最高水位

≥ 500

图 4-124　地下室防潮层

地下水位的高低对地下室的防潮构造设计十分重要。当设计最高地下水位低于地下室底板，且地基范围内的土壤及回填土无形成上层滞水可能时，地下水不可能直接侵入室内，墙和底板仅受土层中潮气的影响，地下室只需考虑做防潮处理。其具体做法如下：

（1）混凝土结构地下室可起自防潮作用，不必再做防潮处理。

（2）砖墙结构地下室应做防潮层。建筑防潮常用的材料与建筑防水的材料基本相同，防水材料都具有防潮的功能。防潮的材料分为柔性材料和刚性材料两大类，柔性材料主要有防水涂料及防水卷材；刚性材料主要有防水砂浆等。可在墙身外侧面抹防水砂浆或抹普通水泥砂浆外加防水涂料，且应与墙身水平防潮层相连接。

按构造方式的不同，室内地坪有实铺式和空铺式两大类。实铺式地坪的构造组成一般都是在夯实的地基土上做垫层，垫层上做不小于 100mm 厚的 C15 混凝土结构层，有时也称混凝土垫层，最后再做各种不同材料的地面面层。混凝土结构层是良好的地坪防潮层（图 4-123、图 4-124）。空铺式是指当首层房间采用木地板时，为防止木地板受潮，常将支撑木地板的格栅架空搁置，采用空铺便于木地板通风，保持地面干燥。

高湿度房间室内水蒸气如无法排出，就像毛衣一直沾着汗水，影响舒适性。一段时间后，外围护系统可能会出现发霉现象。

外围护系统的排气层如同在毛衣外罩着宽松外套，通过加强通风，水蒸气可以尽快挥发到外部。

图 4-125　高湿度房间水蒸气对围护系统影响

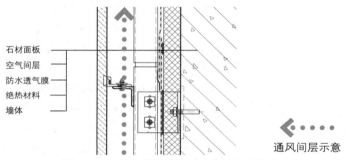

石材面板
空气间层
防水透气膜
绝热材料
墙体

通风间层示意

图 4-126　外挂花岗岩墙面防水透气膜构造

建筑用防水透气膜具备防水和透气功能，覆盖在建筑围护结构绝热层外，可以减少水对建筑的渗透，同时利于围护结构及室内潮气排出。防水透气膜原理是基于水滴和水蒸汽直径存在着巨大差异，水蒸汽可以通过透气膜的微孔，但由于液滴直径大于微孔，水滴不能通过薄膜，因此具有防水功能，但一般防水透气膜防水性能还达不到独立防水层要求，因此不宜用在平屋面，用于坡屋面时需配合屋面瓦使用。

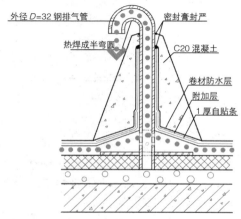

外径 D=32 钢排气管　　密封膏封严

热焊成半弯圆
C20 混凝土

卷材防水层
附加层
1 厚自贴条

泄汽通道示意

图 4-127　屋面保温层排汽通道

建筑中绝大多数房间的湿度状况都属于正常湿度，只要维护系统的热阻达到设计要求，一般情况下不会出现表面凝水。

高湿度房间一般是指冬季相应的室内温度在 18~20℃以上时，其室内相对湿度高于 75% 的房间。高湿度房间围护系统应尽量避免产生表面凝水及凝水渗入内部，使保温材料受潮。一般的设计原则是尽量使室内水蒸气在渗透的通路上做到"难进易出"，即采取"防"和"排"两种做法。"防"的方法是围护结构室内考虑气密性材料，如现浇混凝土、胶合板和钢衬板；在温度较高的一侧设置蒸汽隔层；保温层选择气密性材料，如泡沫玻璃等。"排"通常是在保温层和防护层之间设置通风间层或泄汽通道，采用通气设施或通风间层，在自然对流的帮助下，使水蒸气凝结成液体之前排出（图 4-125~图 4-127）。

4.13　隔声吸声原理

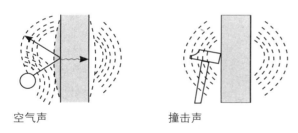

空气声　　　　　　　撞击声

图 4-128　声音传播

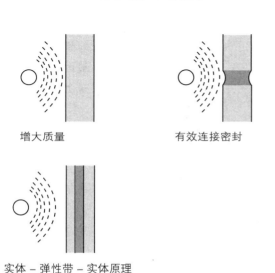

增大质量　　　　　　有效连接密封

实体 – 弹性带 – 实体原理

图 4-129　隔声原理

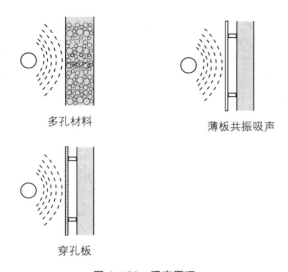

多孔材料　　　　　　薄板共振吸声

穿孔板

图 4-130　吸声原理

声音是物体振动而产生的一种声波，然后经由介质传播，最终被人听到。由空气介质传播的声音称为空气声。因撞击建筑结构而传播的声音称撞击声。有些撞击或振动源本身并不产生很响的声音，但建筑部件对这些撞击或振动源产生的声音起着放大器的作用（图 4-128 ）。

隔声是利用隔层把噪声源和接受者分隔。隔声遵循质量定律，即隔音材料的单位密集面密度越大，隔音量就越大，面密度与隔音量成正比关系。隔声材料要求有较大的重量且密实无孔隙。单靠增加隔层的质量，如增加墙厚度，有时是不现实的，这时解决的途径主要是采用双层或多层隔声结构（图 4-129 ）。

吸声是声波入射到吸声材料表面上被吸收，降低反射声。松散多孔的材料吸声系数较高，如玻璃棉。吸声材料和吸声结构的种类很多。不同种类的材料和结构可以结合使用，例如，在穿孔板的背面填多孔材料，可发挥不同种类吸声材料和构造的优势（图 4-130 ）。

4.14 建筑隔声吸声构造

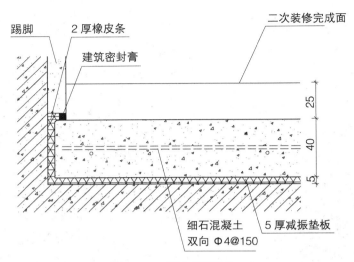

图 4-131　隔声楼面构造

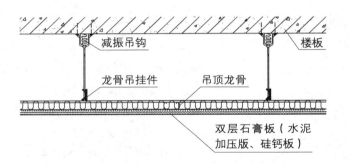

图 4-132　隔声吊顶构造

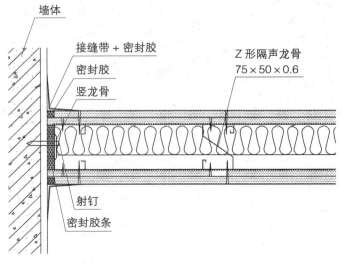

图 4-133　Z形隔声龙骨隔墙构造

楼板隔声包括撞击声和空气声两种声的隔绝性能。钢筋混凝土材料具有较好的隔绝空气声性能，可以达到楼板的空气声隔声标准，120mm 厚钢筋混凝土空气隔声量在 48~50dB，但 120mm 厚的钢筋混凝土隔绝撞击声不足。要有效降低撞击声的声级，应首先对振源进行控制，在此基础上再来改善楼板层隔绝撞击声的性能。构造上最简单、有效的办法是在楼板面上直接铺设地毯、橡胶地毡、塑料地毡、软木板等有弹性的材料，以降低楼板本身的振动。另外，可以在楼板结构层和面层之间增设一道弹性材料作垫层，以减少声源导致结构层的振动（图 4-131）。弹性垫层材料有泡沫塑料、木丝板、甘蔗板、软木、矿棉毡等；这些材料可以是具有弹性的片状、条状或块状等形式。垫层使楼板与楼面完全隔开，形成浮筑楼面，也称浮筑楼板。还可以增加楼板吊顶构造处理。隔声吊顶设计时宜选用面密度大的板材作吊顶板；吊顶板与楼板间的空气层厚度越大越好；吊顶的构件与楼板间采用弹性连接（图 4-132）。

墙体隔声面层之间留一定空气层间隙，由于空气层的弹性作用，可使墙体隔声量超过质量定律。另外，空气层之间应避免固体刚性连接，否则将产生声桥，破坏空气层的弹性层作用，使隔声量下降（图 4-133）。

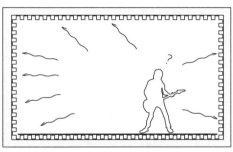

（a）枯燥乏味的声音

在房间演奏乐器，又不想影响邻居，墙面必须做一些隔音或吸音处理，但这些材料如过多，会造成声音的"回传"衰减，乐器发出的声音可能会变得很单调。

声波在各方向来回反射，而又逐渐衰减的现象称为混响。反映音乐厅质量的一个主要因素是混响时间（图4-134）。

建筑吸声作用是控制室内混响，降低室内的噪声。吸声构造分为多孔吸声构造、共振吸声构造和特殊吸声构造。表4-12为建筑中常见的多孔吸声和共振吸声构造做法。

（b）混响的作用

演奏乐器或用音响播放音乐的时候，需要与适度的反射"混响"，调整围护的构造才能作为"音乐室"。弦乐器特别需要混响。

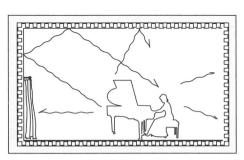

（c）活用声音

键盘乐器与声乐不太需要混响，通过幕帘等对声音反射可以进行微小调整。

图4-134 混响控制

吸声构造 表4-12

名称	示意图	例子	主要吸声特性
多孔材料		矿棉、玻璃棉、泡沫塑料、毛毡	本身具有良好的中高频吸收能力，背后留有空气层时还能吸收低频
板状材料		胶合板、石棉水泥板、石膏板、硬质纤维板	吸收低频比较有效
穿孔板		穿孔胶合板、穿孔石棉水泥板、穿孔石膏板、穿孔金属板	一般吸收中频，与多孔材料结合使用时吸收中高频，背后留有大空腔还能吸收低频
成型天花吸声板		矿物吸声板、玻璃棉吸声板、软质纤维板	视板的质地而有区别，密实不透气的板吸声特性同硬质板状材料，透气的板同多孔材料
膜状材料		塑料薄膜、帆布、人造革	视空气层的厚薄而吸收低中频
柔性材料		海绵、乳胶块	内部气泡不连通，多孔材料不同，主要靠共振有选择地吸收中频

4.15　地下室构造

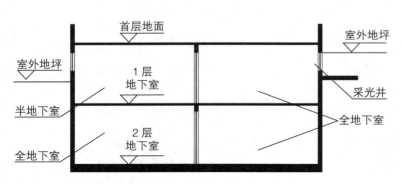

图4-135　地下室示意图

地下室地面低于室外地坪的高度超过该房间净高的1/2为全地下室；
房间地平面低于室外地平面的高度超过该房间净高1/3，且不超过1/2
为半地下室。

　　人民防空地下室（简称人防地下室）是人防工程的重要组成部分，是战时提供人员、车辆、物资等掩蔽的主要场所。甲类防空地下室是指战时能抵御预定的核武器、常规武器和生化武器袭击的防空地下室。乙类防空地下室是指战时能抵御预定的常规武器和生化武器袭击的防空地下室。二者主要在防早期核辐射、口部设置和抗力要求等相关方面有所不同。

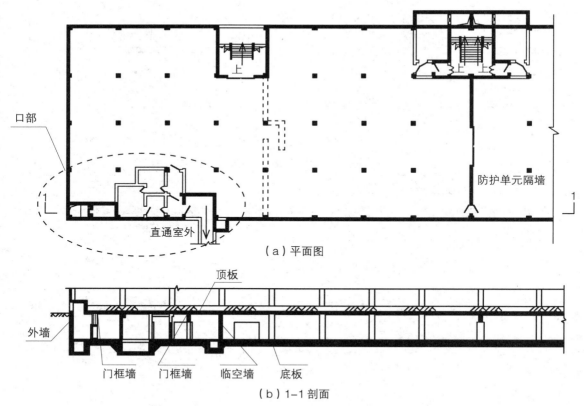

（a）平面图

（b）1-1剖面

图4-136　人防地下室

防空地下室除了考虑平时使用外，还须按照战时标准进行设计，因此人防地下室全部埋于地下。由于承受荷载的原因，人防地下室的顶板、外墙、底板、柱子和梁都要比普通地下室的尺寸大。有时为了满足平时的使用功能需要，还需要进行临战前转换设计，例如战时封堵墙、洞口、临战加柱等。人防围护结构一般包括承受空气冲击波或土中压缩波直接作用的顶板、外墙、临空墙、防护密闭门门框墙、防护单元隔墙和底板等。

地下工程防水设计应根据地表水、地下水、毛细管水等的作用以及人为因素引起的水文地质影响确定。通常按防水层与主体结构的位置关系防水形式可分为外防水、内防水、内外组合防水。本例地下防水是应用最为普遍的外防水（图 4-137、图 4-138）。

保护层包括以下三种做法：
1. 砖保护墙：用于外防外贴时，非黏土砖保护墙与主体结构之间宜留 30~50mm 宽缝隙，并用细砂填实。
2. 软保护：常采用阻燃型软质材料，如挤塑型聚苯乙烯泡沫板、发泡聚乙烯、塑料防护板等。
3. 水泥砂浆保护层：常用 20 厚 1:2.5 水泥砂浆。

特殊部位，如变形缝、施工缝、后浇带、穿墙管（盒），预埋件、预留通道接口，桩头等细部构造，应加强防水措施，并避免管线在地下水位以下高度穿越。

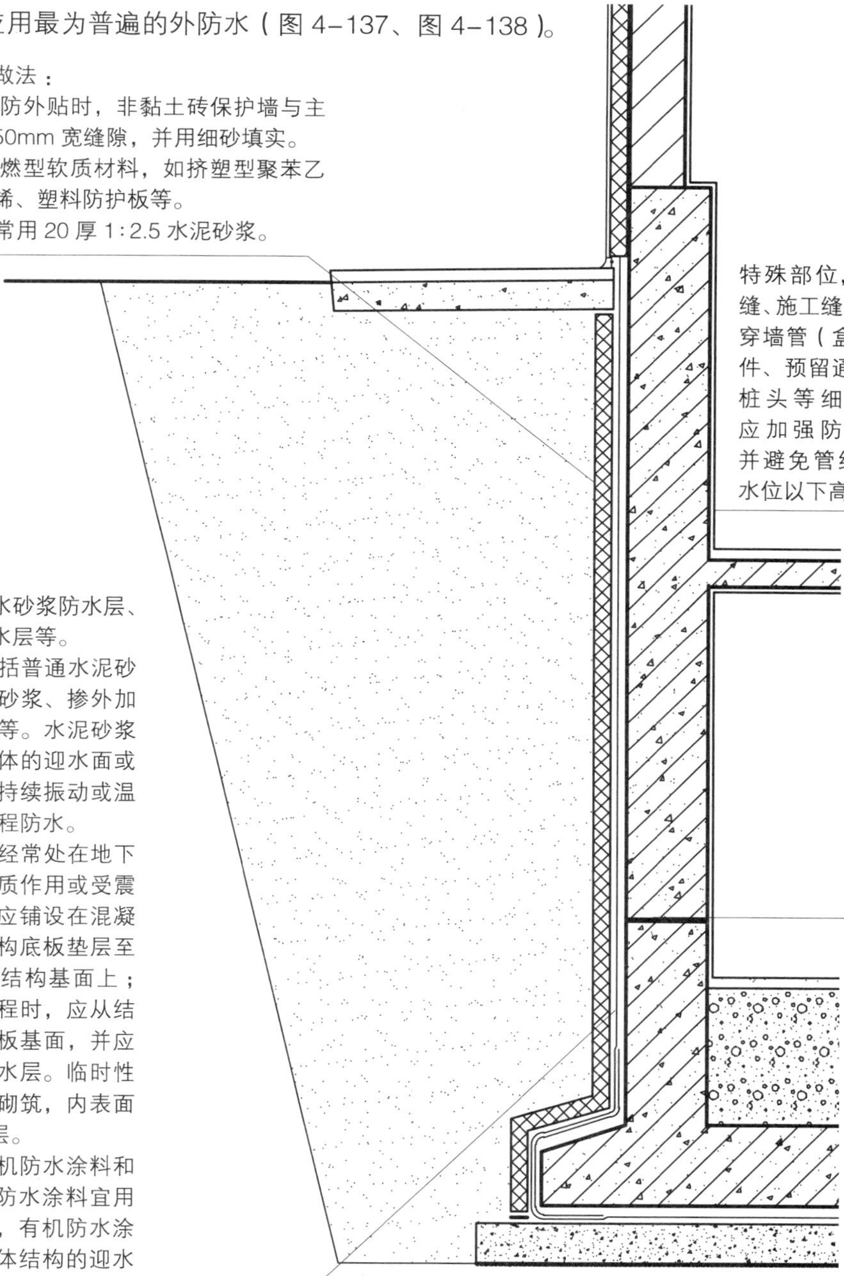

加强防水层可选用防水砂浆防水层、卷材防水层、涂料防水层等。
1. 防水砂浆防水层包括普通水泥砂浆、聚合物水泥防水砂浆、掺外加剂或掺合料防水砂浆等。水泥砂浆防水层可用于结构主体的迎水面或背水面，不应用于受持续振动或温度高于 80℃的地下工程防水。
2. 卷材防水层宜用于经常处在地下水环境且受侵蚀性介质作用或受震动作用的地下工程，应铺设在混凝土结构的迎水面，结构底板垫层至墙体防水设防高度的结构基面上；用于单建式的地下工程时，应从结构底板垫层铺设至顶板基面，并应在外围形成封闭的防水层。临时性保护墙应用石灰砂浆砌筑，内表面应用石灰砂浆做找平层。
3. 涂料防水层包括无机防水涂料和有机防水涂料。无机防水涂料宜用于结构主体的背水面，有机防水涂料宜用于地下工程主体结构的迎水面，用于背水面的有机防水涂料应具有较高的抗渗性，且与基层有较好的粘结性。

图 4-137　地下室防水构造

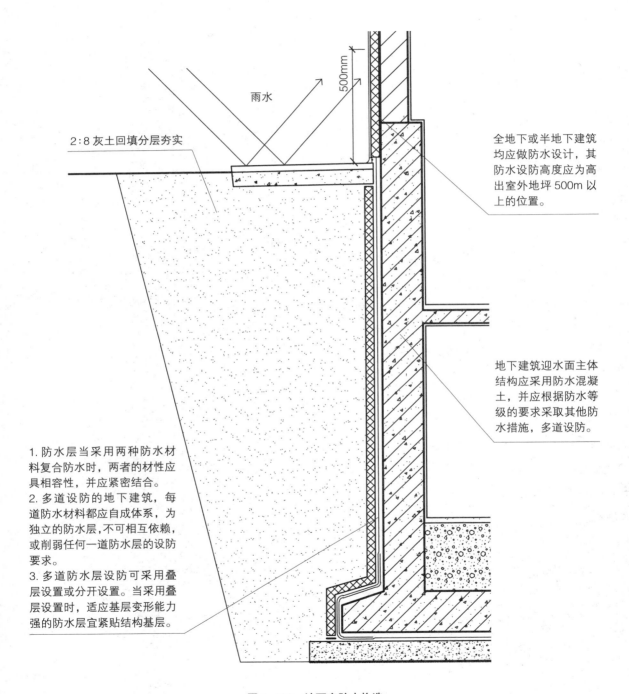

雨水

2:8 灰土回填分层夯实

500mm

全地下或半地下建筑均应做防水设计，其防水设防高度应为高出室外地坪 500m 以上的位置。

地下建筑迎水面主体结构应采用防水混凝土，并应根据防水等级的要求采取其他防水措施，多道设防。

1. 防水层当采用两种防水材料复合防水时，两者的材性应具相容性，并应紧密结合。
2. 多道设防的地下建筑，每道防水材料都应自成体系，为独立的防水层，不可相互依赖，或削弱任何一道防水层的设防要求。
3. 多道防水层设防可采用叠层设置或分开设置。当采用叠层设置时，适应基层变形能力强的防水层宜紧贴结构基层。

图 4-138　地下室防水构造

图 4-139　地下室外墙防水施工

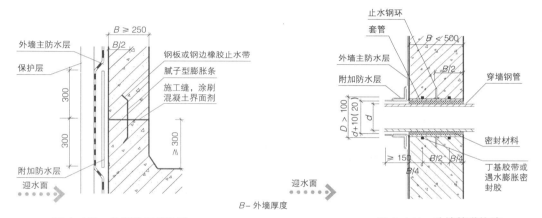

图 4-140　外墙施工缝构造

图 4-141　外墙管道构造

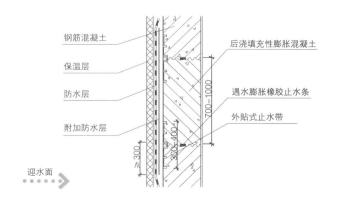

图 4-142　外墙后浇带防水构造

地下室主体结构（底板、顶板和外墙）采用防水混凝土材料浇筑。外墙和底板厚度不小于 250mm。施工时，地下室的钢筋混凝土底板必须连续浇筑，不留施工缝，墙体只允许留水平施工缝，位置一般在高出底板面 300mm 以上。施工缝采用遇水膨胀止水条、外贴式防水层、中埋式止水带等防水构造。穿外墙的管道要预埋套管，并设置止水环（图 4-139～图 4-142）。

4.16 外墙构造

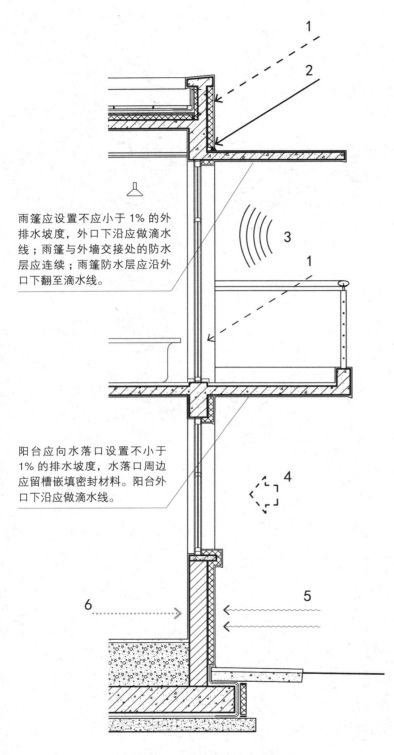

雨篷应设置不应小于 1% 的外排水坡度，外口下沿应做滴水线；雨篷与外墙交接处的防水层应连续；雨篷防水层应沿外口下翻至滴水线。

阳台应向水落口设置不小于 1% 的排水坡度，水落口周边应留槽嵌填密封材料。阳台外口下沿应做滴水线。

图 4-143　外墙构造影响因素

影响因素

1. 雨水

墙体：分为墙面整体防水和节点构造防水。墙面整体防水主要应用在南方、沿海及降雨量大、风压强的地区；节点构造防水主要应用于降雨量较小、风压较弱地区和多层建筑及未采用外保温墙体的建筑。采用外墙外保温的建筑均需采取墙面整体防水。墙面整体防水包括所有外墙面的防水和节点构造部位的防水。

门窗：门窗框与墙体间的缝隙宜采用聚合物水泥防水砂浆或发泡聚氨酯填充；外墙防水层应延伸至门窗框，防水层与门窗框间预留凹槽，并嵌填密封材料；门窗上楣的外口应做滴水线；外窗台应设置不小于 5% 的外排水坡度。门窗本身符合水密性性能分级及指标值。

2. 阳光

墙体：紫外线辐射和温度变化会导致一些墙体材料变形，产生裂缝和老化。

门窗：具有绝热措施，可以和遮阳构件组成系统。

3. 噪声

墙体：轻质围护建筑（木结构或钢结构）易受到噪声影响。

门窗：需符合空气声隔声性能分级及指标值。如果因为噪声等级很高不开窗，则需要机械通风。

4. 风

墙体：墙体特别是预制构件应避免出现接缝上的空隙。门窗框的槽口必须防风；门窗不允许风压作用下的损坏。

5. 温度

墙：绝热层根据系统而有所不同。通常根据材料的位置不同，分为外保温、内保温和夹层保温。

门窗：绝热功能通常通过采用节能玻璃、双层玻璃、绝热窗框实现。

6. 水汽扩散

避免室内到室外的水汽在墙体内部冷凝。

4.17 屋面构造

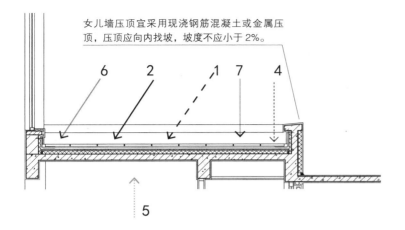

女儿墙压顶宜采用现浇钢筋混凝土或金属压顶，压顶应向内找坡，坡度不应小于2%。

影响因素

1. 雨水
采用材料找坡时，坡度宜为2%。一般屋面防水层在最上层或保护层下的第二层。倒置式屋面防水层在保温层之下，其保温材料应具有良好防水性能，坡度宜为3%。

2. 阳光
外露的防水材料易受紫外线影响（如沥青材料），应选用耐候性好的材料。

3. 风
在大风及地震设防地区或屋面坡度大于100%时，瓦片应采取固定加强措施。

4. 气温
屋面传热系数和热惰性指标应符合现行国家和行业标准有关规定。

5. 水汽扩散
如空气湿度较大，雨季施工或绝热材料的含湿量较大等，宜设排汽屋面。

6. 雪
严寒及寒冷地区瓦屋面，檐口部位应采取防止冰雪融化下坠和冰坝形成等措施。

7. 损害
平屋面铺细石混凝土或各种预制的混凝土块材，在柔性防水层与细石混凝土保护层之间需设隔离层，确保防水卷材不破损，并方便防水层检修与更新。隔离层材料可选用干铺卷材、粗砂等。屋面材料的燃烧性能和耐火极限和防雷设计，应符合现行国家标准。

玻璃采光顶应采用支承结构找坡，排水坡度不宜小于5%。玻璃采光顶内侧的冷凝水，应采取控制、收集和排除的措施。支承结构选用的金属材料应作防腐处理，铝合金型材应作表面处理；不同金属构件接触面之间应采取隔离措施。玻璃采光顶应采用安全玻璃，宜采用夹层玻璃或夹层中空玻璃。

天窗、采光顶、高侧窗可通称顶部采光。顶部采光的主要优点是为室内空间提供较均匀的高照度，可作为侧窗采光的补充；但顶部采光的基本问题是夏季室内得到过量的光和热及可能出现眩光。

图 4-144　屋面构造影响因素

4.17.1 平屋面基本类型

屋面基本类型与层次　　　　　　　　　　　　　　　　　　　表 4-13

屋面类型	基本构造层次（自上而下）
卷材、涂膜屋面	保护层、隔离层、防水层、找平层、保温层、找平层、找坡层、结构层
	保护层、保温层、防水层、找平层、找坡层、结构层
	种植隔热层、保护层、耐根穿刺防水层、防水层、找平层、保温层、找平层、找坡层、结构层
	架空隔热层、防水层、找平层、保温层、找平层、找坡层、结构层
	蓄水隔热层、隔离层、防水层、找平层、保温层、找平层、找坡层、结构层
瓦屋面	块瓦、挂瓦条、顺水条、防水层或防水垫层、保温层、结构层
	沥青瓦、防水层或防水垫层、保温层、结构层
金属板屋面	压型金属板、防水垫层、保温层、承托网、支承结构
	上层压型金属板、防水垫层、保温层、底层压型金属板、支承结构
	金属面绝热夹芯板、支承结构
玻璃采光顶	玻璃面板、金属框架、支承结构
	玻璃面板、点支承装置、支承结构

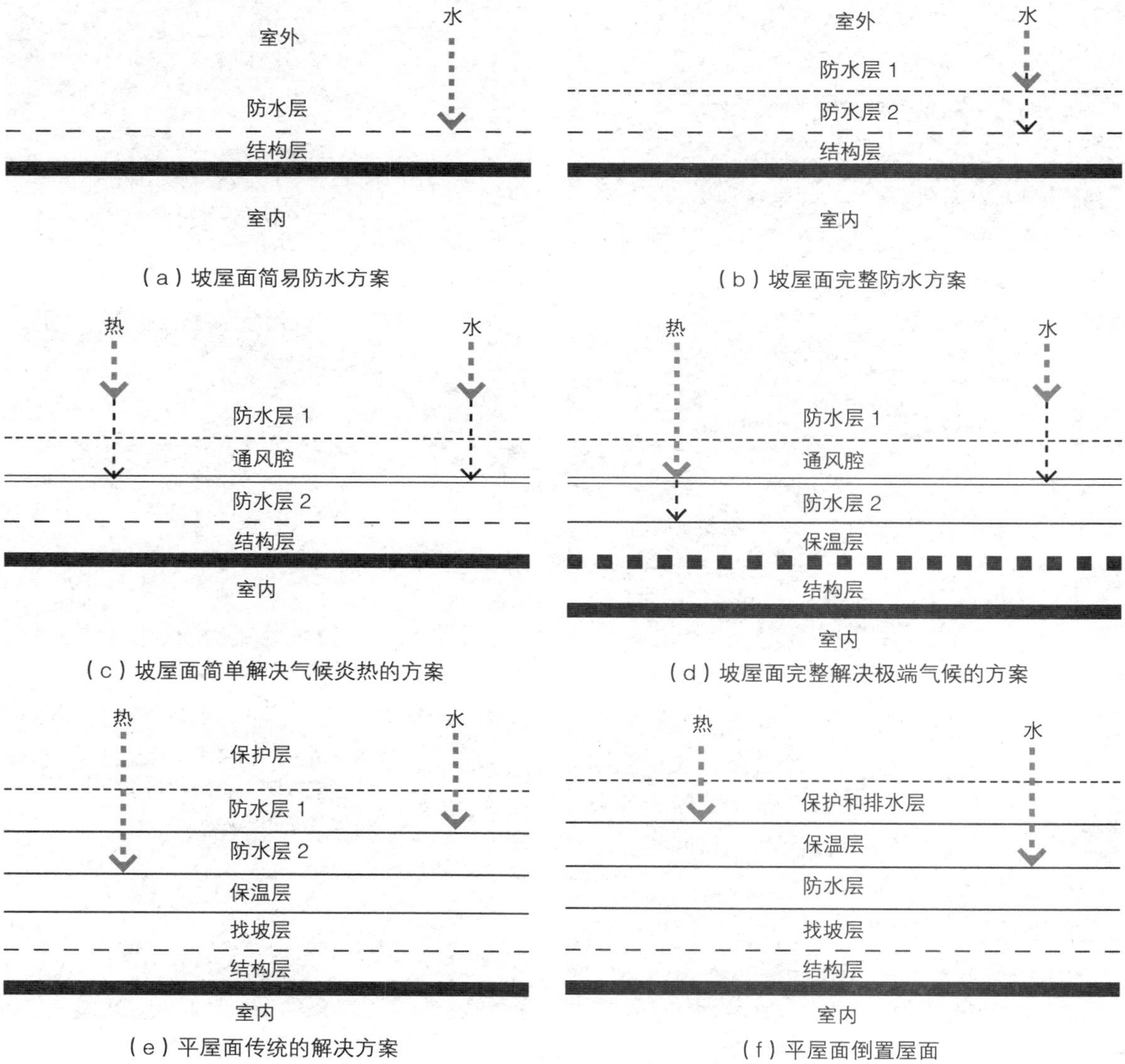

（a）坡屋面简易防水方案　　　　　　　　　　（b）坡屋面完整防水方案

（c）坡屋面简单解决气候炎热的方案　　　　　（d）坡屋面完整解决极端气候的方案

（e）平屋面传统的解决方案　　　　　　　　　（f）平屋面倒置屋面

图 4-145　屋面构造层次

4.17.2　平屋面层次功能

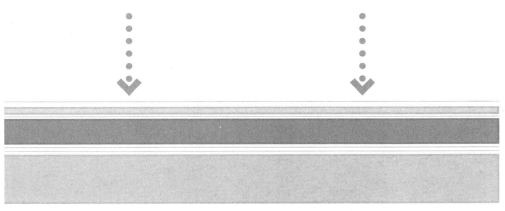

	保护层
	隔离层
	防水层
	绝热层
	隔汽层
	找坡层
	结构层

图 4-146　平屋面层次示意

1）保护层

（1）上人屋面保护层可采用块体材料、细石混凝土等材料。

（2）不上人屋面保护层可采用浅色涂料、铝箔、矿物粒料、水泥砂浆等材料。

（3）倒置式屋面保温层上宜采用块体材料或细石混凝土做保护层。

2）隔离层

块体材料、水泥砂浆、细石混凝土等刚性保护层与卷材、涂膜防水层之间，应设置隔离层，施工应确保层间完全分离。

3）防水层

（1）刚性防水层由于其温差变形、结构变形以及混凝土本身的收缩徐变等原因，易使混凝土产生裂缝，导致露面发生渗漏水，工程设计已不再应用。烧结瓦、混凝土瓦、沥青瓦本身不具备完全的防水功能，只有在瓦下面设置防水垫层才能共同组合成一道防水层。当瓦屋面为两道防水设防时，则必须在各类瓦下面再设置一道卷材防水层。

（2）卷材屋面的铺设方法有空铺法、点粘法、条粘法、满粘法、机械固定等施工方法。卷材防水层易拉裂部位，不宜选用满粘法。

4）绝热层

保温层和隔热层统称为绝热层。绝热层可采用板状材料（如泡沫混凝土板、加气混凝土板、聚苯板块），整体现浇绝热层（如沥青膨胀珍珠岩、硬质聚氨酯泡沫塑料、胶粉聚苯颗粒），松散材料绝热层（如膨胀蛭石、膨胀珍珠岩、炉渣）。种植、架空和蓄水等具有隔热作用。倒置式屋面绝热层应采用吸水率低且长期浸水不变质的材料。

5）找坡层

（1）当屋面结构层不起坡时，需设找坡层。

（2）找坡宜采用质量轻、吸水率低和有一定强度的材料，通常有采用 1:8 水泥陶粒，1:8 水泥膨胀珍珠岩，1:6 水泥焦碴或其他轻骨料混凝土。

（3）屋面坡度应不小于 2%。

6）找平层

（1）找平层材料通常为 20 厚 1:3 水泥砂浆。

（2）保温层上的找平层应留设分格缝，缝宽宜为 5mm~20mm，纵横缝的间距不宜大于 6m。

7）隔汽层

隔汽层选用气密性、水密性好的材料，设置在温度较高的一侧，结构层上、保温层下；隔汽层沿周边墙面向上连续铺设，高出保温层上表面不小于 150mm。

4.17.3 典型屋面层次构造

坡屋面典型构造

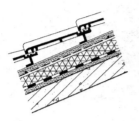

1）平瓦
2）挂瓦条 L30×4 中距按瓦材规格
3）顺水条 −25×5 中距 600
4）C20 细石混凝土找平层厚 40
5）绝热层
6）防水层
7）1:3 水泥砂浆找平层
8）钢筋混凝土屋面板

1）沥青瓦
2）C20 细石混凝土找平层
3）绝热层
4）防水垫层
5）1:3 水泥砂浆找平层
6）钢筋混凝土屋面板

图 4-147　坡屋面典型构造

平屋面典型构造

厚度

1）涂料或粒料保护层
2）防水层
3）1:3 水泥砂浆找平层　20
4）绝热层
5）LC7.5 轻集料混凝土找坡层最薄处　30
6）隔汽层
7）1:3 水泥砂浆找平层　20
8）钢筋混凝土屋面板

厚度

1）铺块材
2）粗砂垫层　25
3）防水层
4）1:3 水泥砂浆找平层　20
5）绝热层
6）LC7.5 轻集料混凝土找坡层最薄处　30
7）隔汽层
8）1:3 水泥砂浆找平层　20
9）钢筋混凝土屋面板

厚度

1）495×495×50 C20 预制钢筋混凝土板
2）砖砌支座高 800
3）防水层
4）1:3 水泥砂浆找平层　20
5）绝热层
6）LC7.5 轻集料混凝土找坡层最薄处　30
7）钢筋混凝土屋面板

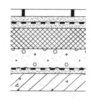

1）钢筋混凝土水池底板　50
2）白灰砂浆隔离层　≤ 10
3）卷材或涂膜防水层
4）1:3 水泥砂浆找平层　20
5）LC7.5 轻集料混凝土找坡层最薄处　30
6）绝热层
7）钢筋混凝土屋面

厚度

1）卵石保护层（粒径 10~30）　≥ 50
2）干铺无纺聚酯纤维布一层
3）挤塑聚苯乙烯泡沫塑料板
4）防水层
5）1:3 水泥砂浆找平层　20
6）LC7.5 轻集料混凝土找坡层最薄处　30
7）钢筋混凝土屋面板

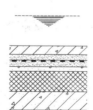

厚度

1）种植介质　100~300
2）土工布过滤层
3）卵石排水层　100
4）混凝土防水层　40
5）白灰砂浆隔离层　≤ 10
6）防水层
7）1:3 水泥砂浆找平层　20
8）LC7.5 轻集料混凝土找坡层最薄处　30
9）钢筋混凝土屋面板

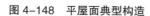

图 4-148　平屋面典型构造

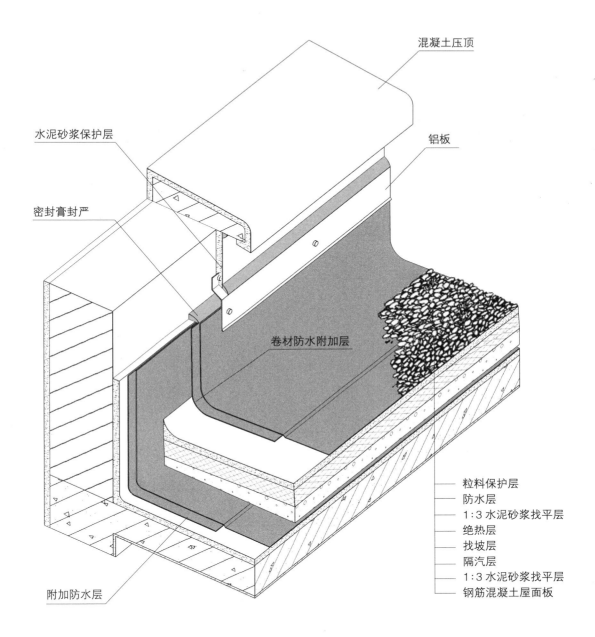

混凝土压顶

水泥砂浆保护层

铝板

密封膏封严

卷材防水附加层

粒料保护层
防水层
1:3 水泥砂浆找平层
绝热层
找坡层
隔汽层
1:3 水泥砂浆找平层
钢筋混凝土屋面板

附加防水层

图 4-149　平屋面女儿墙构造示意

4.17.4　坡屋面材料与坡度

图 4-150　屋面瓦材料

屋面瓦材料有木材、陶瓷、石板、沥青、石棉水泥、金属（铜、锌、锡、钢、金）等各种型材和尺寸

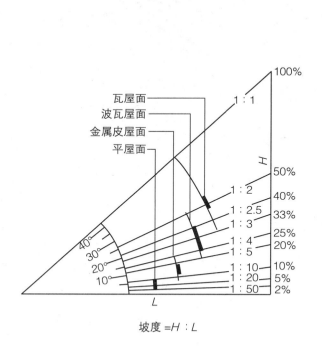

坡度 =H：L

图 4-151　常用屋面坡度范围

不同的屋面覆盖材料有着不同的屋面坡度。平屋面须采用防水材料无缝覆盖，否则宜采用坡屋面。覆盖层材料和材料间的接缝水密性越好，允许的屋面坡度就越小。

图 4-152　屋顶坡度的变化

随着建筑防水材料技术的进步，屋顶坡度逐渐变缓，屋顶从主要考虑防水功能的制约中解放出来，出现了上人屋面和绿化屋面等新形式。

4.17.5　屋面与墙体边缘处理

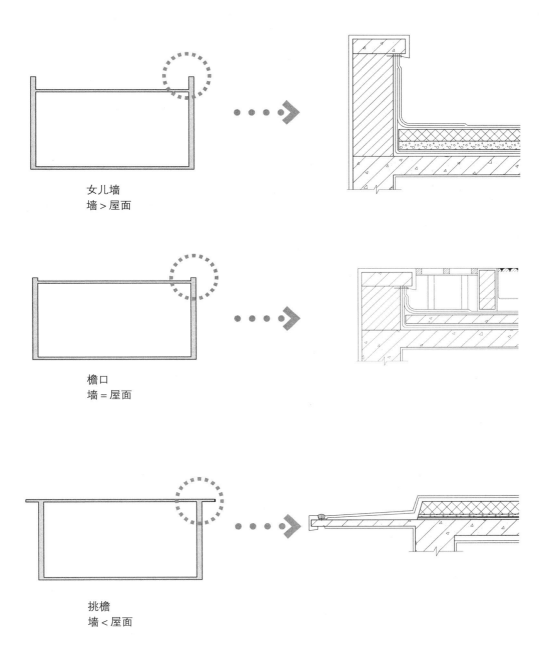

图 4-153　屋面与墙体边缘处理

无论是坡屋面还是平屋面，墙面交接处的形式可以简化为以上三种形式。构造设计在建筑方案要求的框架下进行细化，对不同材料交接处重点处理，特别是注意防水和绝热功能的连续性、完整性和有效性。

4.18 屋面排水

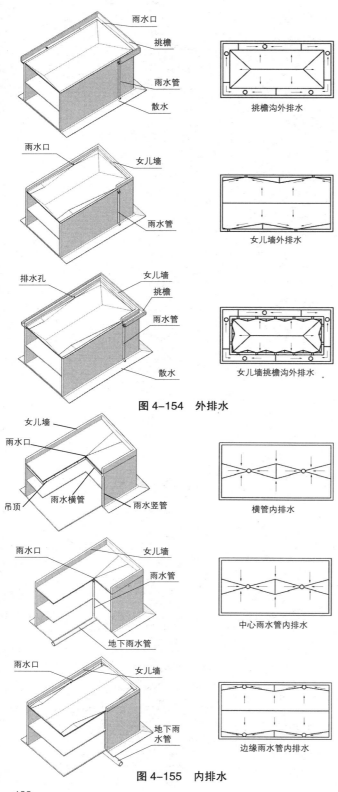

挑檐沟外排水

女儿墙外排水

女儿墙挑檐沟外排水

图 4-154 外排水

横管内排水

中心雨水管内排水

边缘雨水管内排水

图 4-155 内排水

外排水

内排水

无论是平屋面还是坡屋面，所有屋面基于防水、排水的需要，都是有坡度的。

屋面防水应根据建筑物的类别、重要程度、使用功能要求来确定防水等级，并应按相应等级进行防水设防。

屋面应适当划分排水区域，排水路线简捷、通畅。屋面排水方式可分为有组织排水和无组织排水。无组织排水构造简单、造价低廉，外墙易被雨水侵蚀，适用少雨地区或低层建筑及檐高小于10m的屋面；有组织排水减少雨水对建筑的不利影响，但构造相对复杂，造价较高；维护不当易出现堵塞和漏雨。建筑物高度较高，年降雨量较大或较为重要的建筑物，宜采用有组织排水。高层建筑屋面宜采用内排水；多层建筑屋面宜采用有组织外排水；严寒地区应采用内排水，寒冷地区宜采用内排水。多跨及汇水面积较大的屋面宜采用天沟排水，天沟找坡较长时，宜采用中间内排水和两端外排水。

采用重力式排水时，屋面每个汇水面积内，雨水排水立管不宜少于2根。

4.18.1　屋面排水设计步骤

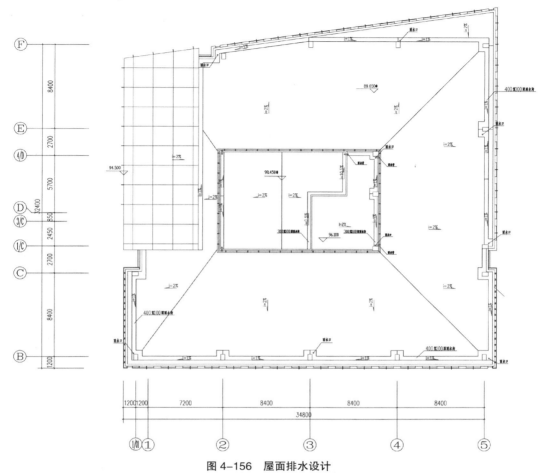

图 4-156　屋面排水设计

屋面排水设计的主要任务是首先将屋面划分成若干个排水区，然后通过适宜的排水坡和排水沟，分别将雨水引向各自的落水管再排至地面。

1. 确定屋面排水坡面的数目和坡度大小

根据屋面高低、屋面平面形状和尺寸，划分排水坡面，确定排水方向。屋面宽度不大时，常采用单坡排水，宽度较大时，宜采用双坡排水。根据当地气候条件、屋面防水材料和屋面是否上人，确定屋面排水坡度。单坡排水的屋面宽度不宜超过 12m。材料找坡坡度宜为 2% 左右，找坡材料最薄处一般应不小于 30mm 厚；结构找坡宜为 3%。

2. 天沟、檐沟断面

檐沟、天沟的过水断面，应根据屋面汇水面积的雨水流量计算确定。钢筋混凝土檐沟、天沟净宽不应小于 300mm，分水线处最小深度不应小于 100mm；沟内纵向坡度不应小于 1%，沟底水落差不得超过 200mm；檐沟、天沟排水不得流经变形缝和防火墙；金属檐沟、天沟的纵向坡度宜为 0.5%。

3. 确定落水管所用材料和大小及间距，绘制屋面排水平面图。

水落口负荷适当且布置均匀；屋面排水线路简捷。一个雨水口的汇水面积约 150~200m²；高跨屋面为无组织排水时，其低跨屋面受水冲刷的部位应加铺一层卷材，并应设 40~50mm 厚、300~500mm 宽的 C20 细石混凝土保护层；高跨屋面为有组织排水时，水落管下应加设水簸箕；雨水管的直径工业建筑是 100~200mm，民用建筑是 75~100mm，面积小于 25m² 的阳台或露台是 50mm；雨水管间距一般在 18~24m 之间。

4.18.2　排水的艺术

无组织排水

图 4-157　无组织排水

有组织排水

图 4-158　有组织排水

4.19 示例说明

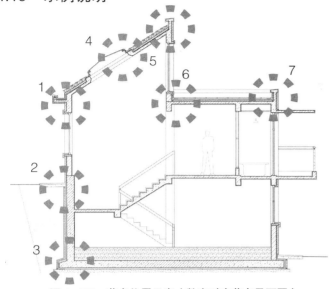

节点构造指门窗洞口、雨篷、阳台、变形缝、伸出外墙管道、女儿墙压顶、外墙预埋件、预制构件等交接部位的构造。建筑交接部位是构造设计的重点。本例以夏热冬冷地区二层居住建筑示意通常构造做法。

图 4-159　节点位置示意（数字对应节点见下图）

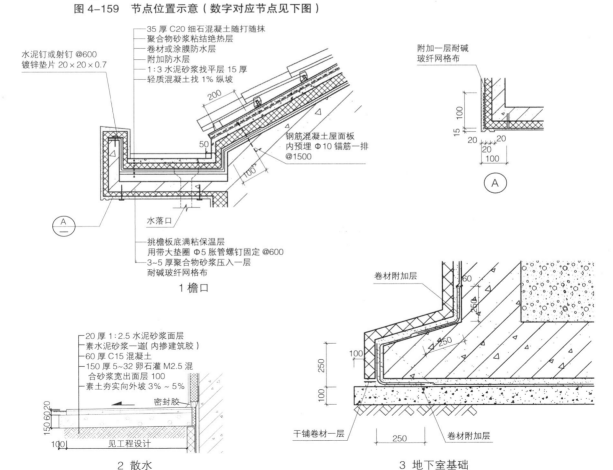

1 檐口

2 散水

3 地下室基础

图 4-160　节点详图

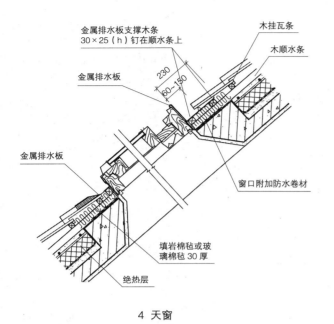

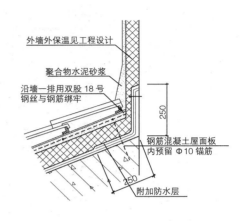

4 天窗

5 泛水

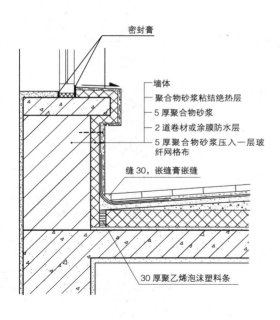

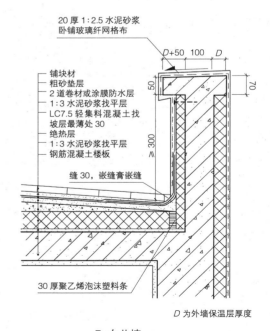

6 窗下墙

7 女儿墙

图 4-160 节点详图（续）

4.20　"被动房"建筑节能构造

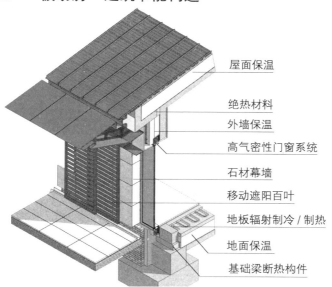

屋面保温

绝热材料

外墙保温

高气密性门窗系统

石材幕墙

移动遮阳百叶

地板辐射制冷 / 制热

地面保温

基础梁断热构件

图 4-161　外围护节能构造示意

大连生态科技创新城中央公园咖啡吧"被动房"由上海现代建筑设计集团华东建筑设计研究院有限公司与 PATEL ARCHITECTURE 联合设计

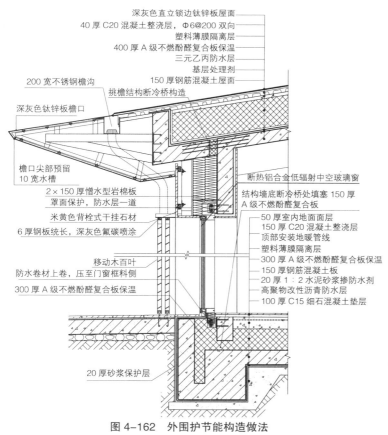

深灰色直立锁边钛锌板屋面
40 厚 C20 混凝土整浇层，Φ6@200 双向
塑料薄膜隔离层
400 厚 A 级不燃酚醛复合板保温
三元乙丙防水层
基层处理剂
150 厚钢筋混凝土屋面

200 宽不锈钢檐沟
挑檐结构断冷桥构造

深灰色钛锌板檐口

檐口尖部预留
10 宽水槽
2×150 厚憎水型岩棉板
罩面保护，防水层一道
米黄色背栓式干挂石材
6 厚钢板统长，深灰色氟碳喷涂

移动木百叶
防水卷材上卷，压至门窗框料侧
300 厚 A 级不燃酚醛复合板保温

断热铝合金低辐射中空玻璃窗
结构墙底断冷桥处填塞 150 厚
A 级不燃酚醛复合板

50 厚室内地面面层
150 厚 C20 混凝土整浇层
顶部安装地暖管线
塑料薄膜隔离层
300 厚 A 级不燃酚醛复合板保温
150 厚钢筋混凝土板
20 厚 1：2 水泥砂浆掺防水剂
高聚物改性沥青防水层
100 厚 C15 细石混凝土垫层

20 厚砂浆保护层

图 4-162　外围护节能构造做法

西方国家在建筑节能领域的研究与起步比较早，大连生态科技创新城中央公园咖啡吧借鉴德国低能耗建筑设计经验，采用了"被动房"（Passive House）技术。"被动房"设计的核心在于如何减少建筑热损失，实现能源需求最小化和供给最优化。

大连地处寒冷地区，须满足冬季保温兼顾夏季防热要求。外墙绝热材料选择燃烧性能 A 级 300mm 厚憎水性岩棉板。屋面和地面绝热材料考虑抗压性和耐久性，分别采用燃烧性能 A 级 的 400mm 和 300mm 厚不燃酚醛复合板。门窗采用三层双中空玻璃及断桥保温夹层窗框，传热系数远低于国内节能要求。避免热桥是确保建筑整体绝热性能的关键，"被动房"外围护从屋面到基础进行全方位的断热处理。结构创新也为绝热层的连续性提供可能，混凝土悬挑檐口与结构屋面板间作结构断热连接，外墙石材干挂的钢结构与外墙完全脱离。另外，"被动房"结合大连的太阳高度角，将檐口与门窗上沿处的连线角度控制在 27°左右，实现冬季满窗日照，檐口与门窗下沿处的连线角度控制在 70° 以内，实现夏季自遮阳。门窗设置可移动遮阳百叶（图 4-161、图 4-162）。

被动房考虑了提升建筑气密性的措施，采用可热回收通风、地板辐射制冷制热技术。

4.21 建筑围护——室内非承重墙

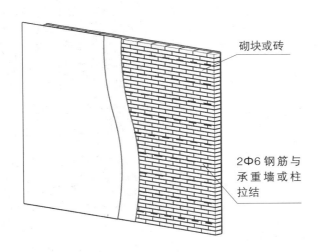

砌块或砖

2Φ6 钢筋与承重墙或柱拉结

图 4-163　砌筑隔墙

砌筑隔墙是指利用多孔砖、混凝土空心砌块、加气混凝土砌块以及其他各种轻质砌块等砌筑的墙体。砖隔墙通常是采用空心砖顺砌或实心砖侧砌而成的半砖墙。砌筑砂浆的强度等级越高，对其稳定性越有利。多层砌体结构中，后砌的非承重隔墙应沿墙高每隔 500mm 配 2 根 Φ6 的钢筋与承重墙或柱拉结，每边伸入墙内不应少于500mm。

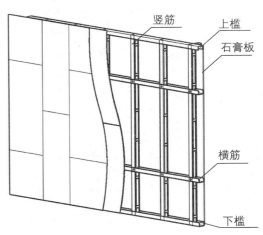

竖筋　上槛　石膏板

横筋

下槛

图 4-164　立筋类隔墙

面板本身刚度不足以自立成墙，需先制作骨架，再在表面覆盖面板。骨架材料可以是木材和金属等，其构成分为上槛、下槛、竖筋、横筋和斜撑。面板材料可以是胶合板、纸面石膏板、硅钙板、塑铝板、纤维水泥板等。

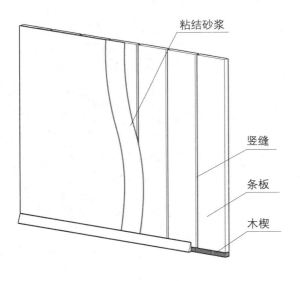

粘结砂浆

竖缝

条板

木楔

图 4-165　立条板类

立条板类材料是具有一定厚度和刚度的条形板材，安装时不需要骨架支撑。

　　非承重墙包括各类起围护或分隔空间作用的墙体，如框架结构的填充墙、隔墙、幕墙、隔断等。非承重墙应尽量选用自重轻材料，以减轻其荷载对结构构件的作用。在安装及连接时，一方面注意其连接构造，不能使之成为承重墙，同时应保证其与结构系统良好的连接，保证建筑的整体性要求。按施工工艺，非承重墙可分为砌筑类、立筋类、立条板类和悬挂类，其中砌筑类、立筋类、立条板类多用于室内，悬挂类多用于室外幕墙（图 4-163~图 4-165 ）。

4.22　建筑围护——室外非承重墙（幕墙）

幕墙种类		表 4-14
玻璃幕墙	构件式玻璃幕墙	明框玻璃幕墙
		半隐框玻璃幕墙
		隐框玻璃幕墙
	全玻幕墙：由玻璃面板和玻璃肋构成的建筑幕墙	落地式
		吊挂式
	点支式玻璃幕墙：由玻璃面板、点支承装置及其支承结构构成的建筑幕墙	钢结构
		索杆结构
		玻璃肋
	双层玻璃幕墙：由外层幕墙、空气间层和内层幕墙构成，且空气间层内的空气被有序导向流通的建筑幕墙	外通风
		内通风
金属幕墙	单层铝板、铝塑复合板、蜂窝铝板、彩色涂层钢板、搪瓷涂层钢板、铝合金板、不锈钢板、铜合金板、钛合金板	
石材幕墙		
人造板材幕墙	面板材料为人造外墙板（包括瓷板、陶板和微晶玻璃等，不包括玻璃、金属板材）的建筑幕墙	
组合面板幕墙		

随着材料、工艺和技术的不断发展，建筑幕墙的形式和类型也越来越多，如玻璃幕墙、铝板幕墙、石材幕墙、双层通风幕墙、光电幕墙及各种轻质复合外墙挂板等。

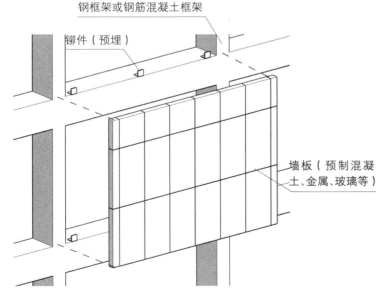

图 4-166　幕墙组成

幕墙由金属构架与各类板材组成的，不承担主体结构荷载与作用的建筑外围护结构。

20 世纪初，随着材料、结构技术发展，建筑外围护从结构承重体系中分离了出来，外墙和窗合二为一形成建筑幕墙。经过不断发展和完善，幕墙目前已具有较完整的技术体系，在建筑上得到了广泛的应用，成为现代建筑的特征之一（表 4-14）。

幕墙是一个独立完整的整体结构系统，通常用在主体结构的外侧，一般都包覆在主体结构表面之上（图 4-166）。幕墙工艺比较复杂，需满足强度、刚度、温度和结构变形的要求，有较好的水密性和气密性，符合防火规范，并具备良好的热工性能。面板多使用安全玻璃、金属层板或石材等材料，可以单一使用，也可以混合使用。安装通常通过金属杆件连接系统或者拉索以及小型的连接件与主体结构相连接，由专业单位设计和施工。

幕墙作为建筑的外围护结构，与传统砖、石和混凝土相比造价较高，但幕墙许多性能也是传统的外墙材料不能比拟的，主要具有以下特点：

（1）重量轻、抗震性能好；

（2）增大室内空间和有效使用面积；

（3）立面造型活泼；

（4）清洁围护方便；

（5）缩短施工周期；

（6）适用旧房改造。

4.22.1 幕墙与环境

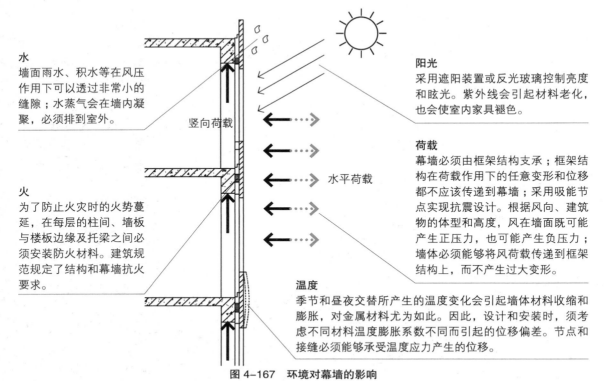

水
墙面雨水、积水等在风压作用下可以透过非常小的缝隙；水蒸气会在墙内凝聚，必须排到室外。

竖向荷载

火
为了防止火灾时的火势蔓延，在每层的柱间、墙板与楼板边缘及托梁之间必须安装防火材料。建筑规范规定了结构和幕墙抗火要求。

阳光
采用遮阳装置或反光玻璃控制亮度和眩光。紫外线会引起材料老化，也会使室内家具褪色。

荷载
幕墙必须由框架结构支承；框架结构在荷载作用下的任意变形和位移都不应该传递到幕墙；采用吸能节点实现抗震设计。根据风向、建筑物的体型和高度，风在墙面既可能产生正压力，也可能产生负压力；墙体必须能够将风荷载传递到框架结构上，而不产生过大变形。

水平荷载

温度
季节和昼夜交替所产生的温度变化会引起墙体材料收缩和膨胀，对金属材料尤为如此。因此，设计和安装时，须考虑不同材料温度膨胀系数不同而引起的位移偏差。节点和接缝必须能够承受温度应力产生的位移。

图 4-167 环境对幕墙的影响

幕墙性能包括风压变形性能、雨水渗漏性能、空气渗透性能、平面内变形性能、保温性能、隔声性能和耐撞击性能。

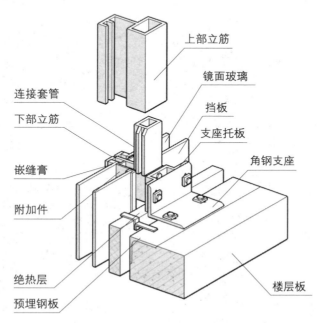

上部立筋

镜面玻璃

连接套管

下部立筋

挡板

支座托板

嵌缝膏

角钢支座

附加件

绝热层

楼层板

预埋钢板

图 4-168 现场组装玻璃幕墙的支座

幕墙结构尽管其理论简单，但安装很复杂；要求进行精细的准备、调试和定位，需要建筑师、结构工程师、承包商、施工人员的密切配合。

4.22.2　幕墙构造方式

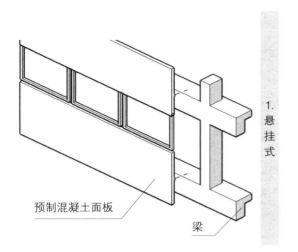

1. 悬挂式

预制混凝土面板

梁

（a）预制混凝土挂板幕墙

悬挂式是在楼板或横梁外侧悬挂固定的方式。

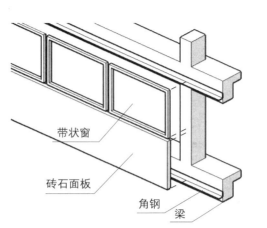

2. 嵌入式

带状窗

砖石面板

角钢

梁

（b）砖石砌体面板幕墙

嵌入式是由上下两层楼板之间或横梁之间嵌入固定的方式。

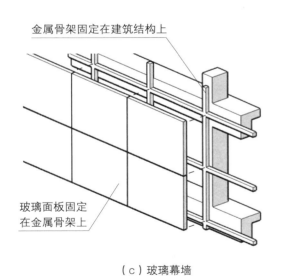

金属骨架固定在建筑结构上

玻璃面板固定
在金属骨架上

（c）玻璃幕墙

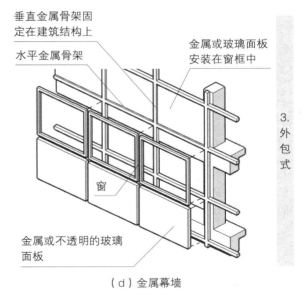

垂直金属骨架固定在建筑结构上

水平金属骨架

金属或玻璃面板安装在窗框中

3. 外包式

窗

金属或不透明的玻璃面板

（d）金属幕墙

外包式是直接在骨架结构或墙体的外表面，分别用面板覆窗下墙、框架柱、窗框等部位，以形成建筑幕墙的形式。

图 4-169　幕墙构造方式

接构造方式分类，幕墙有悬挂式、嵌入式和外包式幕墙等。构造方式不同，反映在建筑立面造型设计上也有不同风格。

4.22.3 幕墙安装方式

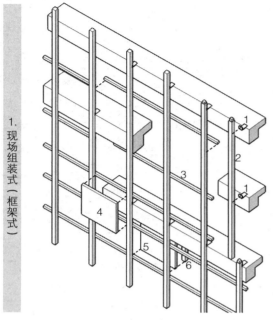

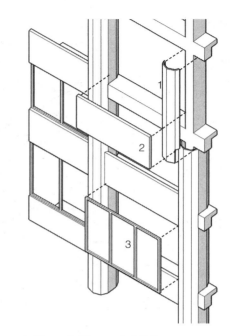

1. 现场组装式（框架式）

1. 锚点；2. 竖框；3. 平框；4. 面板；5. 玻璃；
6. 室内装饰竖框

2. 现场组装式（柱间式）

1. 扣板；2. 面板；3. 玻璃单元

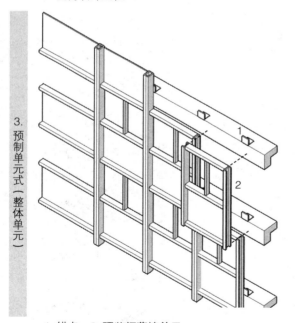

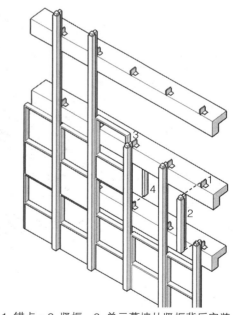

3. 预制单元式（整体单元）

1. 锚点；2. 预装框幕墙单元

4. 预制单元式（组装单元）

1. 锚点；2. 竖框；3. 单元幕墙从竖框背后安装；
4. 室内装饰竖框

图 4-170　幕墙安装方式

幕墙可以根据安装方式划分，有现场组装式和预制单元式两大类。现场组装式是现场先将铝型材骨架固定，然后将面板用螺钉或卡具逐件安装到骨架上。预制单元式分为组装单元和预制整体单元两种。前者是把铝型材和板材在工厂里组装成一个个标准预制单元，运至工地安装。后者是在工厂完成至标准的整体单元，再运送到工地直接进行安装。

4.22.4　幕墙和框架的连接

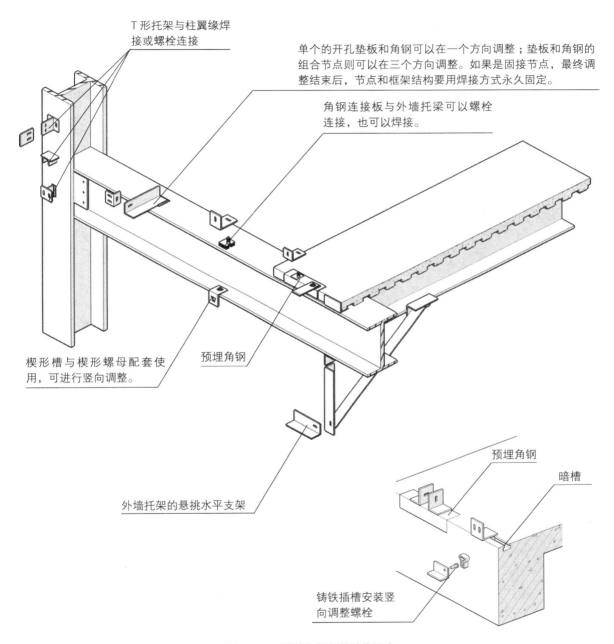

T形托架与柱翼缘焊接或螺栓连接

单个的开孔垫板和角钢可以在一个方向调整；垫板和角钢的组合节点则可以在三个方向调整。如果是固接节点，最终调整结束后，节点和框架结构要用焊接方式永久固定。

角钢连接板与外墙托梁可以螺栓连接，也可以焊接。

楔形槽与楔形螺母配套使用，可进行竖向调整。

预埋角钢

外墙托架的悬挑水平支架

预埋角钢

暗槽

铸铁插槽安装竖向调整螺栓

图 4-171　幕墙和框架的结构固定

将幕墙和框架结构固定在一起，可以采用各种各样的金属装置。一些连接方式可以抵抗各个方向传来的荷载；另一些连接方式则只能抵抗水平风荷载。这些节点一般可以沿三个方向调整，以适应幕墙和框架结构的尺寸偏差，同时也适应结构在风荷载作用下产生的位移以及幕墙在温度应力下的变形。

4.22.5 隐框技术

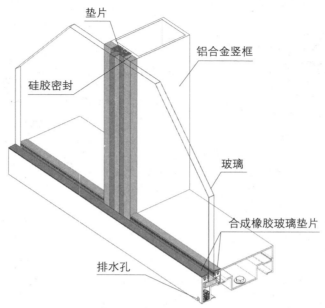

垫片

铝合金竖框

硅胶密封

玻璃

合成橡胶玻璃垫片

排水孔

图 4-172 结构的硅酮胶技术

隐框玻璃幕墙把幕墙的金属骨架全部隐藏于幕墙玻璃的背面，而玻璃的安装固定，主要依靠硅酮结构胶与背面的幕墙金属骨架直接粘结。玻璃产生的热胀冷缩变形应力全部由密封胶吸收，玻璃面受的风荷载和自重也通过硅酮结构胶传给金属框架和主结构件。

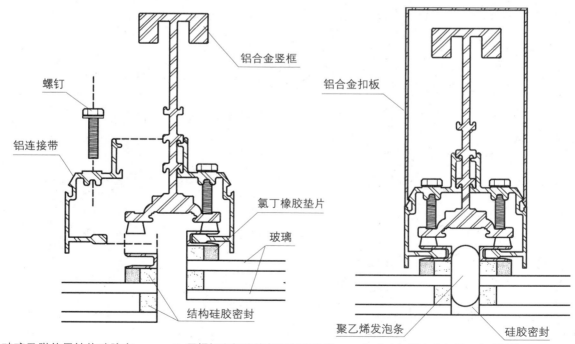

铝合金竖框

螺钉

铝合金扣板

铝连接带

氯丁橡胶垫片

玻璃

结构硅胶密封

聚乙烯发泡条

硅胶密封

1. 玻璃及附件用结构硅胶在工厂生产。

2. 用螺钉和铝连接条固定玻璃单元与铝竖框。

3. 室内扣铝合金扣板，完成组装。

图 4-173 隐框幕墙安装

隐框和半隐框幕墙玻璃无论是单层玻璃还是双层玻璃，都可以采用硅酮密封胶与竖框相连的方法。

4.23　建筑门窗

耐久性

采光和遮阳性能

抗风压和气密性

隔声性能

防火性能

保温性能

防雷性能

水密性能

门窗是建筑围护的开口部分，按其所处的位置不同有不同的设计要求（图 4-174）。门窗不是承重构件，原位置墙体功能中的承重功能由洞口周围的墙体或柱、梁承担。门窗通常是外围护的薄弱环节，是构造设计的重点处理部位之一。

图 4-174　门窗功能
门窗是建筑围护的重要组成部分，位置不同可能有不同的要求。普通门窗一般具有气密性、水密性、抗风压性等要求。与普通门窗相比，特殊门窗还具有专门功能，如防火、防辐射、隔音、防盗、防爆等。

不同材料的窗　　　　　　　　　　表 4-15

框材	特点
木窗	木窗由含水率在 18% 左右的不易变形的木料制成，常用的有松木或与松木近似的木料。木窗加工方便，缺点是不耐久，容易变形，现在较少使用
钢窗	钢窗是用热轧特殊断面的型钢制成的窗。断面有实腹与空腹两种。钢窗耐久、坚固、防火、遮光少，缺点是关闭不严、空隙大。现在已基本不用
铝合金窗	铝合金采用铝镁硅系列合金钢材，具有自重轻、强度高、色彩多样、外形美观、密封性能好、耐腐蚀、易保养等优点。断热铝合金框避免了铝合金导热系数大，不利节能的缺点
塑料窗	塑料窗具有良好的隔热、隔声、节能、气密、水密、绝缘、耐久和耐腐蚀等性能。塑钢窗是在主要受力塑料框中加入钢、铝型材，刚度增强。塑料窗色彩种类和易加工性能不如铝合金窗
复合窗	目前主要指铝木复合窗。复合窗室外部分采用铝合金，表面处理形式丰富；室内部分为质地较硬的柞木、橡木、樱桃木等型材，视觉效果舒适。木材是热的不良导体，整窗的节能性能有较大的提高

门窗分类

按开启方式分，有平开、平移（推拉）、立转、固定、上悬、中悬、下悬、折叠、卷帘、旋转、下悬平开等；按制作材料分，有木门窗、钢门窗、铝合金门窗、塑料门窗等（表 4-15）；按形式和制造工艺分，有实木拼板门、镶板门、夹板门、百叶门窗、普通玻璃门窗、无框玻璃门窗等。特殊门窗有防火门、隔声门、保温门、防盗门等。

4.23.1 门窗名称与安装

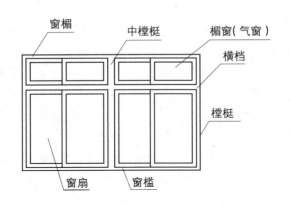

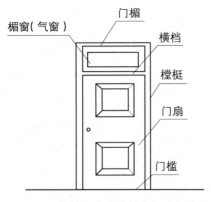

图4-175 门窗的各部分名称

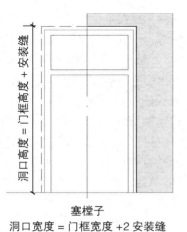

塞樘子
洞口宽度＝门框宽度＋2安装缝

立樘子
洞口宽度＝门框宽度

图4-176 门窗安装

门窗框是墙与窗扇之间的联系构件，安装方式一般有塞樘子及立樘子两种。立樘子是施工时先将窗樘立好后砌窗间墙，这种做法窗樘与墙联系紧密，但施工不便，支撑易被碰撞，已较少采用。塞樘子是在砌墙时先留出窗洞，以后再安装窗樘。

门和窗均是建筑物外围护的开口构件，二者主要的区别在于门需要考虑人流和物流的交通，二者在选材、制作、安装上基本相同或相似。门窗通常由门窗框、门窗扇、五金件组合而成。门窗框是门窗固定在墙体的部分，门窗扇是门窗开启部分，五金件是固定连接控制门窗和洞口的配件。

门窗各部分名称如下（图4-175）：

（1）门窗框：门窗与建筑墙体、柱、梁等构件连接的部分，起固定作用，还能控制门窗扇启闭的角度。

（2）樘桄：门窗框架最外缘两侧的垂直构件，断面一般成形，作为门扇开关制动碰头或窗框防水防风构造。

（3）中樘：由多樘门窗组合构成，各樘须隔开时，中间作为分隔支承的垂直构件称为中樘。

（4）横档：门窗上部设有楣窗（气窗）时，分隔上下窗扇或门扇的中间水平构件。

（5）门（窗）楣：门（窗）框顶部水平材料。

（6）门槛或窗槛：传统上的木门窗框架最下部水平构件的名称，但现在室内门一般不设下框，外门为了提高其密封性能可设下框，下框高出地面15~20mm。

（7）门（窗）扇：门窗隔离内外空间的主要构件，也是门窗开启的部分。一般由玻璃与其他材料组合而成。

4.23.2 门窗开启方式

平开窗　　　　　旋窗　　　　　推拉窗　　　　固定窗

图 4-177　窗的基本开启方式

门窗开启视图为外视图，即从建筑物外面看门窗。平开门窗用两条交叉的线表示开启，细实线表示外开，细虚线表示内开；两条线交叉的一端表示安装铰链的一侧，两条线开口的一侧表示安装执手；推拉门窗一般用一个箭头表示其移动方向；固定窗一般用斜的三条长短线表示玻璃是固定的（图 4-177、图 4-178 ）。

平开窗有外开和内开二种；旋窗分为横式旋窗和立式旋窗，其中横式旋窗又分为上悬窗、下悬窗、中悬窗；推拉窗有垂直推拉窗和水平推拉窗。

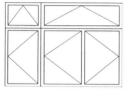

（a）上悬窗＋固定窗＋外开窗　　（b）外开窗　　　　　　（c）推拉窗

（d）下悬平开窗　　　　（e）中悬窗　　　　（f）下悬窗＋固定窗

图 4-178　窗开启方式的表达

 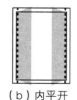

（a）外平开　　（b）内平开　　（c）上悬　　　（d）下悬　　　（e）垂直推拉　　（f）水平推拉

构造简单，应用最为普遍，使用普通五金，便于安装纱窗。　　外开防雨好，受开启角度限制，通风效果较差。　　占室内空间，多用于特殊要求房间或室内高窗。　　不占室内空间，可安装较大玻璃，安装较复杂。　　窗扇受力状态好，通风面积受限制。

（g）中悬　　（h）立转　　（i）固定　　（j）百叶　　（k）滑轴　　　（l）折叠

构造简单，通风效果好，多用于高侧窗。　　引用效果好，防雨及密封性差，多用与低侧窗。　　构造简单，只起采光作用，密封性好。　　通风效果好，用于需要通风或遮阳地区。　　安装磨砂玻璃可起遮阳作用，加工较复杂。　　全开启时通风效果好，视野开阔，需用特殊五金。

图 4-179　窗开启方式的比较

门的基本尺度应根据交通运输和安全疏散等要求进行设计。一般民用建筑供人们日常生活活动进出的门，门高在2100mm左右；楣窗（气窗）高度一般为300~600mm；单扇门宽度900~1000mm；辅助用房的门宽度700~800mm；双扇门宽度为1200~1800mm，2100mm以上时宜做三扇门。

公共建筑和工业建筑的门可根据需要适当提高，具体设计时应参照有关设计规范执行。

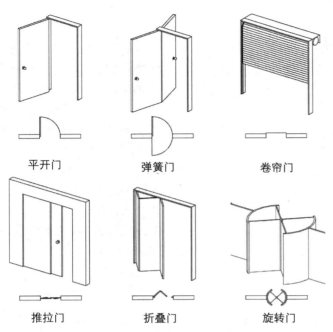

平开门　　　弹簧门　　　卷帘门

推拉门　　　折叠门　　　旋转门

图4-180　门的开启方式及表达

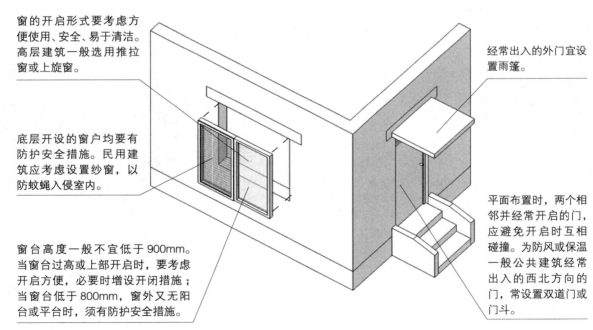

窗的开启形式要考虑方便使用、安全、易于清洁。高层建筑一般选用推拉窗或上旋窗。

经常出入的外门宜设置雨篷。

底层开设的窗户均要有防护安全措施。民用建筑应考虑设置纱窗，以防蚊蝇入侵室内。

窗台高度一般不宜低于900mm。当窗台过高或上部开启时，要考虑开启方便，必要时增设开闭措施；当窗台低于800mm，窗外又无阳台或平台时，须有防护安全措施。

平面布置时，两个相邻并经常开启的门，应避免开启时互相碰撞。为防风或保温一般公共建筑经常出入的西北方向的门，常设置双道门或门斗。

图4-181　普通门窗的一般功能要求

体育场馆供运动员经常出入的门，门扇净高不得低于2200mm。幼托建筑中不宜选用弹簧门，以避免碰撞事故发生，其他建筑设置弹簧门，应在可视部分安装透明玻璃。在公共场所和幼托建筑中选用的各种门型，其玻璃均应采用钢化玻璃。住宅建筑内门的位置和开启方向要考虑家具搬运和布置。旋转门、电动门和尺度较大的门，在其附近应另设普通门。

4.23.3　木门扇

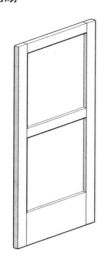

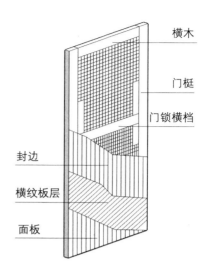

横木

门梃

门锁横档

封边

横纹板层

面板

图 4-182　镶板门

镶板门是应用最广的一种门，在骨架内镶门芯板，门芯板一般由 10~15mm 厚木板拼成，还可采用胶合板、硬质纤维板、塑料板等。镶板门可以局部安装玻璃或百叶。

图 4-183　模压门

以胶合材、木材为骨架材料，人造板或 PVC 板等为面层，经压制胶合或模压成型的中空（中空体积大于 50%）门称为夹板模压空心门，简称模压门。模压门重量轻，有一定的隔热、隔声效果，可以按国家标准生产出不同等级的防盗、防火门和隔音门。模压门可以局部安装玻璃或百叶。

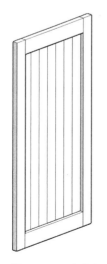

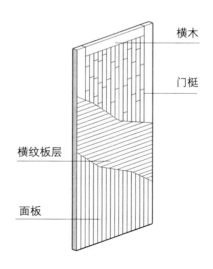

横木

门梃

横纹板层

面板

图 4-184　全木门

以榫接木边梃内镶木板或用厚木板拼接加工制成的门称全实木榫拼门，简称全木门。全木门自重较大，但坚固耐久。

图 4-185　实木门

以木材、胶合材等为主要材料复合制成的实型（或接近实型）体，以木质单板贴面或其他材料覆面的门称为实木复合门，简称实木门。实木门主要用作外门，另外需要加强防火、隔声功能的地方也可使用实木门。

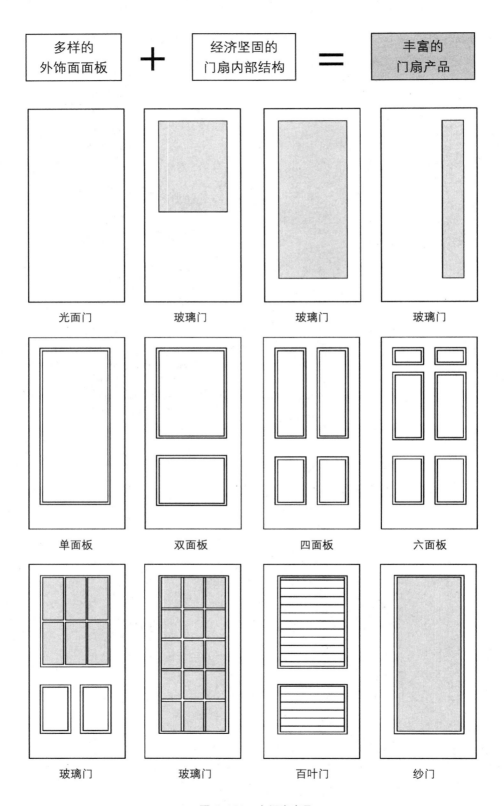

图 4-186　木门扇产品

4.23.4　门窗与墙的相对关系

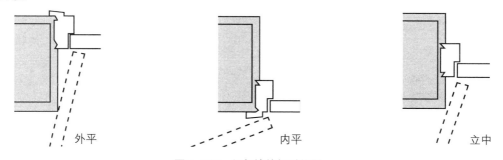

图 4-187　窗与墙的相对位置　● ● ● ● ● ● 功能界面示意

窗在墙中的位置比较灵活。虽然窗安装位置不同，但作为建筑围护的一部分，需形成连续的功能界面，如防水界面、保温界面等。

外平　　　　　内平　　　　　立中

图 4-188　门与墙的相对位置

门的位置可以与墙的内口齐平，即门框与墙内侧饰面层的材料齐平，称内开门，如将门框与墙的外口齐平，称外开门。这两种做法，门的开启角度较大。弹簧门一般将门框立在墙的中间，可以内开或外开。

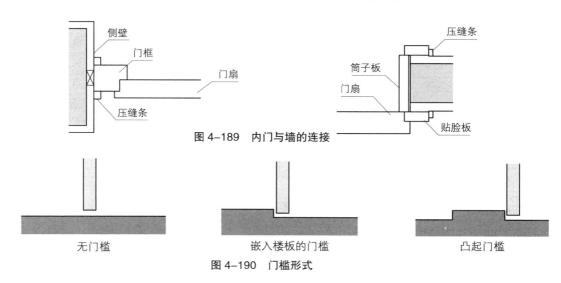

侧壁　门框　门扇　压缝条

压缝条　筒子板　门扇　贴脸板

图 4-189　内门与墙的连接

无门槛　　　　　嵌入楼板的门槛　　　　　凸起门槛

图 4-190　门槛形式

4.23.5 铝合金门窗安装

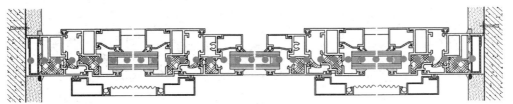

断热铝合金窗 1-1 剖面　　　　● ● ● ● ● 断热面示意

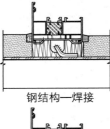

附框安装

轻质墙体—预埋件

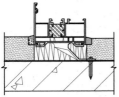

钢结构—焊接

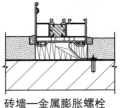

钢筋混凝土墙—金属膨
胀螺栓或预埋件

砖墙—金属膨胀螺栓
或预埋件

图 4-191　门窗与墙体的连接
门窗与墙体通过窗附框和连接件与墙
体连接。不同的墙体材料，门窗安装
固定的方法不完全一样。

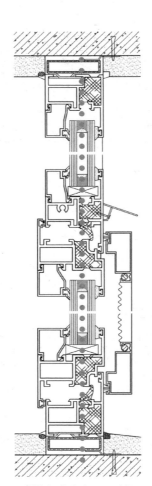

断热铝合金窗 2-2 剖面

断热铝合金窗利用绝热塑料型
材将室内外两层铝合金既隔开
又紧密连接成一个整体，兼顾
了塑料和铝合金两种材料的优
势，同时满足装饰和门窗强度
多种要求，是目前使用最广泛
的门窗框材料。

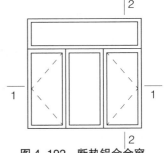

图 4-192　断热铝合金窗

　铝合金门窗安装采用预留洞
的方法，预留间隙视墙体饰面材料
总厚度而定，一般在 20~50mm。
四周缝内一般采用填塞矿棉条、
玻璃棉毡条或现场发泡聚氨酯填
塞，形成弹性接缝。对于保温、
隔声等级要求较高的工程，采用
相应的隔热、隔声材料填塞。缝
隙外表面留出 5~8mm 深的槽
口，填嵌防水密封胶，保证窗的
气密性、水密性。弹性接缝的构
造做法可以有效地提高门窗的隔
声、保温等功能，防止门窗框四
周形成冷热交换区产生结露，同
时也避免门窗框不直接与混凝
土、水泥砂浆接触，以免造成碱
对铝型材的腐蚀。门窗附框可以
有效减少洞口的不规则性，为门
窗升级改造提供便利。塑料门窗
和铝合金门窗的抗风压、空气渗
透、雨水渗漏三项基本物理性能
应符合有关设计规范的规定（图
4-191~ 图 4-195、表 4-16 ）。

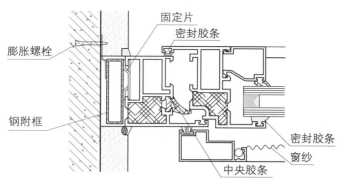

图 4-193　断热铝合金窗与洞口的水平剖面局部

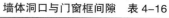

墙体洞口与门窗框间隙　表 4-16	
墙体饰面层材料	洞口与窗框间隙
清水墙	10mm
墙体外饰面抹水泥砂浆或贴马赛克	15~20mm
墙体外饰面贴釉面瓷砖	20~25mm
墙体外饰面贴大理石或花岗岩石板	40~50mm

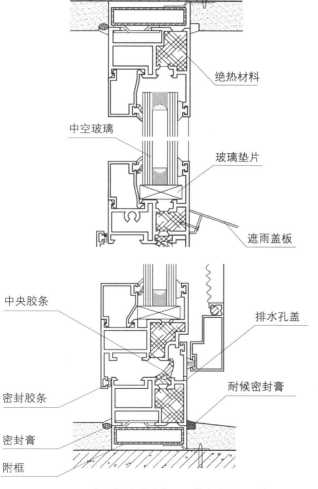

图 4-194　断热铝合金窗与洞口的竖向剖面局部
铝合金门窗型材用料为薄壁结构，型材断面中留有不同形状的槽口和孔，起到绝热、排水和密封等作用。

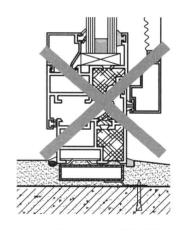

图 4-195　错误安装
铝合金门窗和塑钢窗在门窗框与洞口的缝隙中不能嵌入砂浆等刚性材料，保证门窗安装后可自由胀缩。

4.23.6 门窗节能

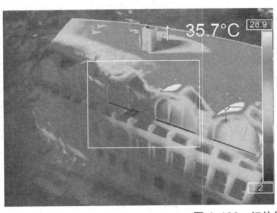

图 4-196 红外仪拍摄的门窗热成像图

寒冷地区和严寒地区的供热采暖期内，由门窗缝隙渗透而损失的热量占全部采暖耗热量的三分之一左右。

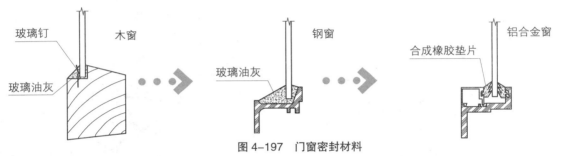

图 4-197 门窗密封材料

随着门窗工业的发展和对建筑节能的重视，门窗密封材料也在发展，玻璃嵌缝材料油灰被合成橡胶等密封性更好的材料代替。

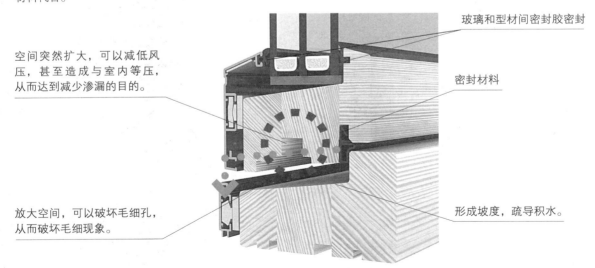

图 4-198 门窗细部构造

门窗框的绝热性和密闭性显著影响建筑物功能，但门窗开闭形成的缝隙带来热量散失和雨水渗漏的问题，通常采取的构造措施有：用密封材料加强门窗缝的气密性和水密性；利用空腔原理破坏毛细现象和风压；斜面和排水孔疏导积水。

节能玻璃性能表现在保温性能和隔热性能上，主要有吸热玻璃、热反射玻璃和低辐射玻璃。吸热玻璃吸收太阳辐射，导致自身温度升高而对室内放热，因此在我国南方，能够隔热的玻璃主要是热反射玻璃和低辐射玻璃以及节能玻璃组合形成的中空玻璃、真空玻璃（图 4-199）。

中空玻璃降低传热系数，限制热传导，提高保温性；热反射玻璃可以降低遮阳系数，限制阳光入射，提高隔热性；低辐射玻璃降低传热系数，控制遮阳系数，保温性、隔热性都得到提高（图 4-200）。

玻璃保温效果反映在传热系数高低上，玻璃隔热效果则与遮阳系数相关。在北方严寒地区以控制暖气损耗为主，选择节能玻璃遮阳系数大于 0.6，使阳光尽可能多地进入室内；在南方炎热地区以控制空调损耗为主，选择遮阳系数小于 0.3，尽量限制阳光进入室内；在介于二者之间的地区，控制空调、暖气损耗同样重要，通常选择遮阳系数为 0.3~0.6 的玻璃，兼顾冬夏二季需要。

图 4-199　中空玻璃和真空玻璃

中空玻璃是将两片或多片玻璃之间形成有干燥气体的空腔。与普通玻璃相比，其传热系数至少可降低 40%，是目前普遍使用的隔热玻璃。真空玻璃的结构类似于中空玻璃，其隔热原理是利用真空构造隔绝热传导，同种材料真空玻璃的传热系数至少比中空玻璃低 15%。

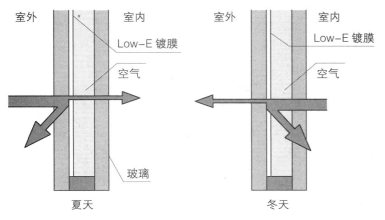

图 4-200　中空低辐射玻璃

双层中空玻璃空气腔一侧表面镀低辐射薄膜可以减小辐射热量的传递，降低传热系数。低辐射薄膜在空气腔二侧不同位置对玻璃遮阳系数有影响。

4.23.7　门窗发展

框材

木
金属（铝合金、铁）
塑料

⋮

复合材料
（木和金属、塑料
和金属等）

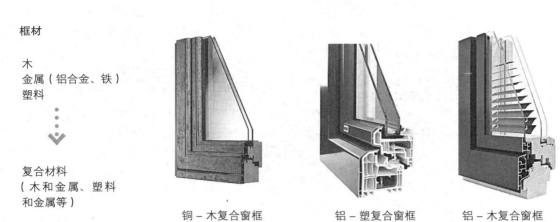

铜－木复合窗框　　　　铝－塑复合窗框　　　　铝－木复合窗框

图 4-201　不同材料的窗框

窗框采用复合材料往往比单一材料更节能和美观，这也为建筑师设计提供了灵活性，如铜木复合窗框表面类似青铜色，适用于古建修复。

功能

采光
通风
隔声
通风
……

⋮

复合功能（采光、
隔声、通风等）

采光通风复合　　　　采光通风隔声复合　　　　采光通风遮阳复合

图 4-202　窗的复合功能

单一构造很难同时承担保温、通风、装饰等不同功能，随着门窗制造技术的发展，门窗功能出现了复合化。

开启

推拉
平开
翻转
……

⋮

复合操作（平开、
翻转等）

下悬平开窗　　　　　　悬窗　　　　　　　　平开窗

图 4-203　窗的开启方式

下悬平开窗通过两种向内开启方式的复合，具有优良的通风性能、便于清洁、安全性好等特点。下旋平开窗在平开时用合页，翻转时合页脱开，由曲连杆滑槽控制。窗把手既是锁闭器又是平开或翻转的转换器。

4.23.8　室内环境控制器

图 4-204　窗自然通风器

自然通风器是附加在门窗上，用于通风的装置，其作用是替代传统的开窗通风方式，在不用打开窗户的情况下通风换气，让室内的空气持续不断地循环，从而保证了室内空气的新鲜。

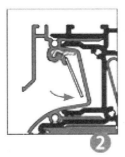

图 4-205　通风器工作原理

气流分三个阶段被控制：
1. 当室外强气流发生，自调节板自动旋转，减小气流；
2. 当室外强气流继续，自调节板自动弯曲，进一步减小气流；
3. 在室内手控调节。

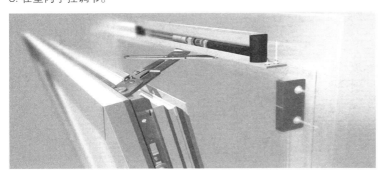

图 4-206　窗自然通风器

五金配件作为现代门窗精密构件的组成部分，应保证质量要求。以铝合金门窗为例，其所需的五金配件加工精度达到 0.1mm 级，除不锈钢或其他轻金属外，必须选用经防腐处理的零配件，如镀锌、镀铬、镀镍的零配件。若直接采用未经防腐处理的钢制零配件，在一定潮湿介质条件下，由于产生电位差，就会与铝合金发生电化学反应，从而使铝合金锈蚀而影响门窗的使用寿命。

中国古人认为门窗是天人之间的一道帷幕，随着门窗制造技术的发展，人们现在越来越自如地控制这道屏障。

传统自然通风通过开门或开窗来实现，但冬季易导致室内热能流失，夏季易导致蚊虫进入，不利于防止噪音和灰尘，还可能产生入室盗窃等隐患。自然通风器可以安全有效控制室内通风，同时避免传统方式的弊端。

建筑门窗是我国建筑工业化程度最高的部品之一。门窗中的五金配件如铰链、执手、风撑、插销、门锁、地弹簧、闭门器和密封条等都是现代工业的产物。

4.23.9 平开窗的设计

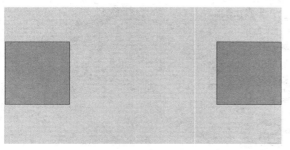

（a）窗洞口

三个连接

1. 樘桄连接墙上

2. 窗框连接樘桄

3. 玻璃连接窗框

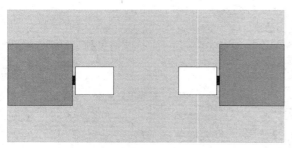

（b）樘桄连接到墙上

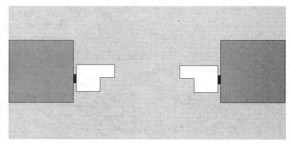

（c）樘桄断面形式做减法，形成向内铲口

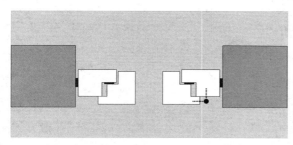

（d）窗框与樘桄咬合，二者之间留有空腔

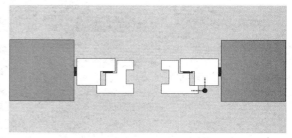

（e）窗框断面形式做减法，凹槽用于固定玻璃

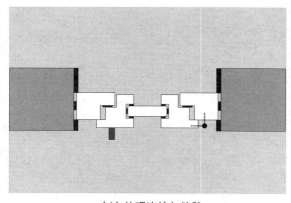

（f）处理连接与缝隙

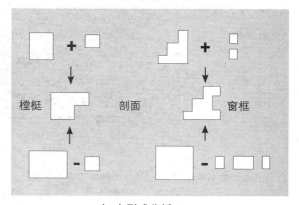

（g）形式分析

图4-207　平开窗设计思路

4.23.10　门窗实例

图 4-208　苏州园林窗扇

图 4-209　金属百叶窗公寓

中国传统木框架结构可以使苏州园林的主人自由地将感情倾泻在门窗上，用门窗完成了"天人之际，合而为一"居住理想。坂茂设计的纽约公寓临街面窗全部以半透明的带孔金属百叶覆盖，既保证了都市中居住空间的独立性，又让室外环境和自然光充分投射到内部空间，和苏州园林比较，二者时空各异，理念相通。

图 4-210　圣依纳爵教堂

图 4-211　艺术和建筑的临街展示厅

斯蒂文·霍尔设计的圣依纳爵教堂入口门用雪松木手工制作，虽然两个门紧邻，但大小不同。主入口尊重礼仪上的需要，边上小门供个人使用。他设计的另一个项目"艺术和建筑的临街展示厅"为了突破空间的局限性，在空间的处理上采用破墙借景的手法，不仅产生了空间的对话，"门""窗"也形成了犹如装置艺术的立面效果。

4.24 遮阳

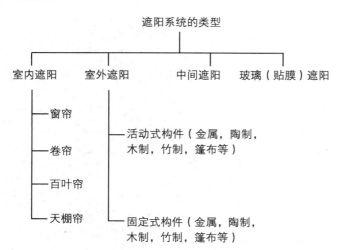

图4-212 遮阳分类

遮阳设施遮挡太阳辐射热的效果不仅取决于遮阳形式和位置，还跟遮阳设施的材料和颜色有关。

建筑遮阳的目的是阻隔阳光直射，防止透过玻璃直射阳光使室内过热；防止建筑围护结构过热并造成对室内环境的热辐射；防止直射阳光造成的强烈眩光。遮阳对于处于低纬度地区的建筑尤为重要。由于日辐射强度随时间、地点、日期、朝向而异，窗口遮阳时间及遮阳的形式也需根据具体气候和朝向而定（图4-212）。

不同朝向建筑遮阳设计部位的优先次序可根据其所受太阳辐射照度，依次选择屋面透明部分、西向、东向、南向和北向窗，宜结合外廊、阳台、挑檐等处理手法进行遮阳。遮阳装置应考虑其角度、间距等，既保证遮挡夏季直射阳光、同时减少对寒冷季节直射阳光的遮挡。夏热冬冷地区外窗宜设置活动外遮阳（图4-213）。

建筑遮阳设计除可设置建筑遮阳构件或遮阳装置外，还可考虑屋面绿化遮阳和墙面绿化遮阳。采用墙面绿化遮阳时，宜采用落叶植物，并应采取措施防止植物可能引起的火灾、虫害及根系对墙体的破坏。

遮阳对节约能源、营造高质量的室内光环境和发展建筑形式语言都有很重要的作用。从20世纪70年代能源危机爆发后，建筑遮阳技术取得了长足的发展。

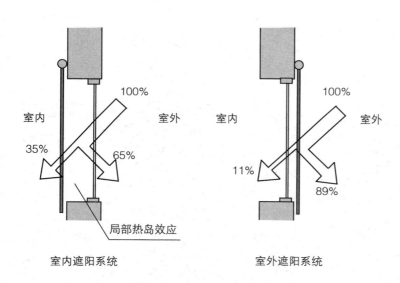

图4-213 室内外遮阳对比

内遮阳隔热效果不如外遮阳。内遮阳在起作用之前，太阳辐射热已经通过玻璃进入室内，不可避免地增加了室内热负荷，但内遮阳安装、使用和维护相对外遮阳更方便，费用也相对便宜，因而也得到了普遍应用。

4.24.1 遮阳方法

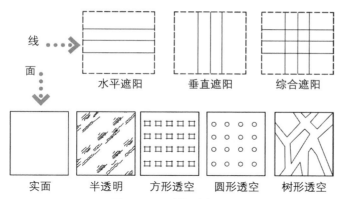

线 ····▷

面

水平遮阳   垂直遮阳   综合遮阳

实面   半透明   方形透空   圆形透空   树形透空

图 4-214 遮阳形式

遮阳的形式主要通过线和面的组合变化来完成。"面"形式的遮阳又分"实"（实心板式或帘式）和"虚"（半透明）的方式。虚面可以像织物一样有着多种多样的编织肌理。线面遮阳模块在立面上的组合，产生了丰富的立面形式（图 4-214）。

遮阳设施的材质多种多样，一般有织物、金属、木材、玻璃、浇筑构件、石材等。材质不同遮阳效果也不同，同种材质颜色越浅遮阳效果越好。

外遮阳技术要点及使用范围　　　　　　　　　　　　　　　　表 4-17

类型	简图	技术要点	使用范围
水平式		太阳高度角较大时，能有效遮挡从窗口上前方投射下来的直射阳光。水平式遮阳有实心板和百叶板等多种形式。设计时应考虑遮阳板挑出长度、位置	宜布置在北回归线以北地区南向和接近南向的窗口，以及北回归线以南地区南向及北向窗口
垂直式		太阳高度角较小时，能有效遮挡从窗侧面倾斜射过来的直射阳光，布置于东、西向窗口时，板面应向南适当倾斜	宜布置在北向、东北向、西北向的窗口
挡板式		能有效遮挡从窗口正前方射来的直射阳光，使用时应减少对视线、通风的干扰，常见的形式有花格式、百叶式、收放遮阳帘式、吸热玻璃式等	宜布置在东、西向及其附近方向的窗口
综合式		侧向斜射下来的直射阳光，遮阳效果比较均匀	宜布置在东南向、西南向范围内的窗口

固定式与活动式外遮阳的区别　　　　　　　　　　　　　　　表 4-18

类型	特征	优点	缺点
固定式	作为建筑构件固定在窗的上楣、两侧或前面一定位置	结构简单，造价相对较低，维护方便	灵活性差，不易兼顾冬季阳光入射、采光及房间自然通风
活动式	构件采用轻质材料制作，以比较灵活的方式固定或连接，并能根据需要进行调节	适应性强，使用灵活，可兼顾冬季阳光入射、采光及房间自然通风	结构复杂，造价较高，维护成本高

4.24.2 遮阳与立面

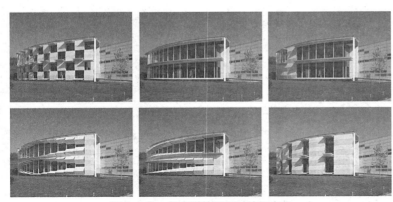

图 4-215 凯富科技展示厅遮阳变化

奥地利凯富科技展示厅由 Ernst Giselbrecht 及合伙人事务所设计，动态的立面金属遮阳部件可以根据气候进行变化，同时优化了内部环境。金属面板通过导杆上电动机的旋转可以移动，独特的技术使立面遮阳部件折叠起来如折一张纸一样轻便。这些遮阳板可以通过计算机编排，动态表皮就像跳舞一样奇妙（图 4-215、图 4-216）。

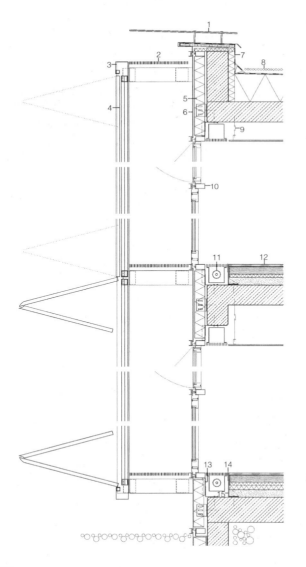

图 4-216 凯富科技展示厅外墙剖面
1—层压安全玻璃；2mm 铝板；24mm 屋面覆盖层；30mm 保温层
2—钢格栅
3—2mm 钢板
4—2mm 穿孔铝板制成的折叠遮阳板电动控制；折叠板的支撑结构
5—100mm 保温层
6—釉面玻璃
7—60mm 保温层
8—砂砾层；保温层；200mm 钢筋混凝土
9—石膏板吊顶
10—铝玻幕墙横框
11—暖气
12—20mm 木地板；隔汽层；70mm 铺面材料；30mm 保温层；70mm 沙子填充；200mm 钢筋混凝土
13—立面隔汽连接
14—5mm 钢板
15—200mm×100mm×5mm 角钢

4.25　装饰构造

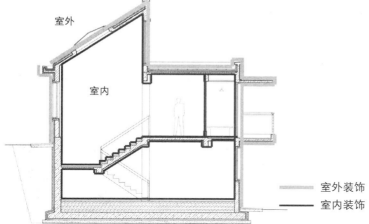

室外

室内

室外装饰
室内装饰

图 4-217　装饰部位

同一部位的装修可以采用不同材料，如石材或涂料，也可采用不同构造，如铺钉或贴面；反过来，同一构造层次也可用于不同部位，如抹灰用于墙面和顶棚。装饰构造中，只要能够改善围护功能、保护结构、满足消防等基本要求，都是可行的做法。装饰构造为建筑师提供了丰富的表达手段。

装修构造基本分类 表 4-19

类别	室外装修	室内装修
粉刷类	水泥砂浆、聚合物水泥砂浆、石灰浆、水泥浆、溶剂型涂料、彩色胶涂料、彩色弹涂料、水刷石、干粘石、斩假石等	纸筋灰、麻刀灰粉面、石膏粉面、膨胀珍珠岩灰浆、混合砂浆、大白浆、石灰浆、油漆、乳胶漆、水溶性涂料、弹涂、拉毛、拉条等
贴面类	外墙面砖、马赛克、水磨石版、天然石板等	釉面砖、人造石板、天然石板等
裱糊类		塑料壁纸、金属面壁纸、木纹壁纸、花纹玻璃纤维布、纺织面壁纸及锦缎等
铺钉类	各种金属饰面板、石棉水泥板、玻璃等	各种木夹板、木纤维板、石膏板及各种装饰面板等

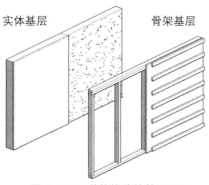

实体基层　　骨架基层

图 4-218　装饰构造的基层处理

无论基层是实体还是骨架，都需符合安装刚度和强度的要求，确保饰面层附着牢固。

为了保护建筑物的主要结构、完善建筑物的使用功能、改善内外环境，对建筑物的内外表面进行的各种处理，称为建筑装饰或装修。根据不同位置，装饰构造分为室外和室内装饰构造，室外可划分为屋面和外墙，室内可划分为顶棚、墙面、楼地面等；根据施工工艺，装饰构造可分为抹灰类、粘贴类、钉挂类、裱糊类等；根据装饰材料，有石材类、卷材类、涂料类、面砖类等（图 4-217、表 4-19）。

装修附着的结构物表面称作基层。基层可以是实体结构也可以是骨架结构。实体可以是砌筑墙体、钢筋混凝土墙板等。实体基层材料不同，使施工面粘结牢固的方法也不同。砖、石基层面的砂浆用木板刮平，不压光，称为刮糙；混凝土基层用工具把已完成面凿出条条凹痕，称作凿毛；轻质填充墙基层通常在抹灰易产生裂缝处铺钉钢丝网加强。骨架也称作龙骨，龙骨的种类很多，根据制作材料的不同，可分为木龙骨、轻钢龙骨、铝合金龙骨等。根据使用部位来划分，又可分为吊顶龙骨、隔墙龙骨、铺地龙骨以及悬挂龙骨等。根据装饰施工工艺不同，有承重及不承重龙骨（即上人龙骨和不上人龙骨）等。根据型号、规格及用途的不同，有 T 形、C 形、U 形龙骨等（图 4-218）。

4.25.1　清水做法

图 4-219　清水砖墙

清水砖墙大小均匀，棱角分明，色泽有质感，砌筑讲究，灰缝饱满，接槎严密，对砖的质量和施工质量有很高要求。

图 4-220　清水混凝土

清水混凝土一次浇注完成，与墙体相连的门窗洞口和各种构件、埋件须提前准确设计与定位，由于外墙没有抹灰层，施工时须为门窗等构件的安装预留槽口，雨水管、通风口等外露构件与墙体接缝构造需精心处理。

图 4-221　阿尔瓦·阿尔托的夏日住宅清水砖肌理拼贴试验

结构部分不做装饰的墙面称作清水墙，反之则称为混水墙。清水墙包括清水砌体（砖、石、砌块勾缝处理）和清水混凝土饰面，对施工工艺要求较高（图 4-219、图 4-221、图 4-222）。

清水混凝土施工中为了保留混凝土肌理，避免混凝土受酸、碱、盐等的侵蚀。在脱模后的混凝土构件表面涂一层或两层透明的保护剂（图 4-220）。

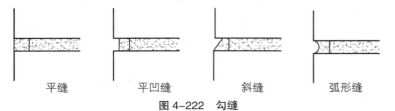

平缝　　　平凹缝　　　斜缝　　　弧形缝

图 4-222　勾缝

勾缝是指用砂浆将相邻砌筑块体材料缝隙填塞饱满，防止风雨侵入，并使墙面清洁、美观。勾缝用 1:1 水泥砂浆，缝宽 10~15mm。砌墙时随砌随勾缝称原浆勾缝；如砌好再勾缝，需另配砂浆，称加浆勾缝。清水砖墙加浆勾缝的效果要比原浆勾缝更美观。

4.25.2 粉刷类面层

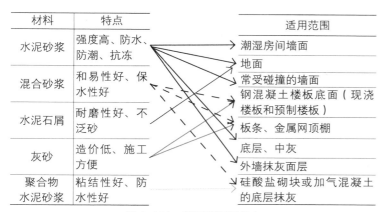

材料	特点	适用范围
水泥砂浆	强度高、防水、防潮、抗冻	潮湿房间墙面
		地面
混合砂浆	和易性好、保水性好	常受碰撞的墙面
		钢混凝土楼板底面（现浇楼板和预制楼板）
水泥石屑	耐磨性好、不泛砂	板条、金属网顶棚
		底层、中灰
灰砂	造价低、施工方便	外墙抹灰面层
聚合物水泥砂浆	粘结性好、防水性好	硅酸盐砌块或加气混凝土的底层抹灰

图 4-223 粉刷类面层特点

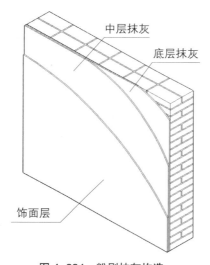

中层抹灰
底层抹灰
饰面层

图 4-224 粉刷抹灰构造

抹灰分为打底、找平和饰面层处理三个步骤。打底主要起与基层粘结和初步找平作用。底层材料随基层不同而异，厚度 6~12mm，室内砖墙面常用石灰砂浆、水泥石灰混合砂浆；室外砖墙面和有防潮防水的内墙面常用水泥砂浆或混合砂浆；对混凝土基层宜先刷素水泥浆一道，采用混合砂浆或水泥砂浆打底，更易于粘接牢固，而高级装饰工程的预制混凝土板顶棚宜掺 108 胶水泥砂浆打底，以提高粘结力；找平材料同打底，厚度 5~6mm，按照施工质量要求可一次抹成，也可分遍进行；饰面层所用材料根据设计要求的装饰效果而定，厚度 6~10mm（不包括面层刷浆、喷浆或涂料）。

抹灰标准　　　　　　　　　　　　表 4-20

名称	底灰	中灰	面灰	总厚度
普通抹灰	1 层	无	1 层	≤ 18mm
中级抹灰	1 层	1 层	1 层	≤ 20mm
高级抹灰	1 层	数层	1 层	≤ 25mm

普通抹灰适用于简单宿舍、仓库等；中级抹灰适用于住宅、办公楼、学校、旅馆以及高级标准建筑物中的附属房间等；高级抹灰适用于大型公共建筑、纪念性建筑、高级住宅、宾馆等；墙面抹灰有一定的厚度要求，外墙面一般为 20~25mm，内墙面一般为 15~20mm，顶棚为 12~15mm。

粉刷类面层是以水泥和骨料对建筑基层湿作业涂抹修整，再进行表层加工和处理的工艺。粉刷类面层常用的材料有各类砂浆、腻子、添加用细骨料和各种表面涂料。

粉刷用砂浆水泥最好采用硅酸盐水泥和普通硅酸盐水泥；黄砂宜使用中砂或粗砂。常用的砂浆配合比：水泥砂浆（水泥：黄砂）1:2、1:3；混合砂浆（水泥：石灰：黄砂）1:1:4、1:1:6；水泥石屑（水泥：石屑）1:3；灰砂（石灰膏：黄砂）1:3。

聚合物是指高分子胶结材料，将聚合物加掺到水泥砂浆中拌和均匀即成为聚合物水泥砂浆。与水泥砂浆相比，聚合物水泥砂浆粘结力大为增加。

腻子是各种粉剂和建筑用胶的混合物，质地细腻，较稠易干，用来抹在砂浆表面以填补细小空隙，取得进一步平整的效果。

涂料是涂敷于基底表面并形成坚韧连续涂膜的液体或固体高分子材料，对被涂表面起到装饰与保护作用。涂料品种繁多、操作简单、维修方便、价格选择范围广，是一种很普及的装修做法。涂料多以抹灰层为基层，也可以直接涂刷在砖、混凝土、木材等基层上。根据设计要求，可以采用刷涂、滚涂、弹涂、喷涂等施工方法形成不同的质感效果。

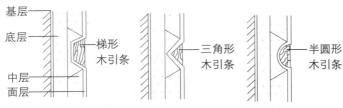

基层		
底层	梯形木引条	三角形木引条	半圆形木引条
中层		
面层		

（a）梯形引条线　　（b）三角形引条线　　（c）半圆形引条线

图 4-225　引条线

外墙抹灰中，由于墙面抹灰面积较大，为防止面层开裂、方便操作和立面设计的需要，常对抹灰面层进行分格，称为引条线。施工做法是底灰上埋设梯形、三角形或半圆形的木引条，面层抹灰完成后，取出木引条，然后用水泥砂浆勾缝，以提高其抗渗能力。

建筑涂料种类丰富、外观多样、施工较方便，可替代部分传统装饰材料。我国近代建筑外装饰很多采用水刷石、斩假石（剁斧石）、干粘石等饰面，如水刷石就是一种根植于上海、体现本土文化的面层做法，但这些装饰做法由于费工费时和质量较难控制，实际使用在逐步减少。

（a）水刷石

（b）真石漆

图 4-226　水刷石与涂料效果比较

装饰抹灰饰面
（蒸压加气混凝土砌块墙体）　表 4-21

面层名称	构造层次及施工工艺
水刷石	喷湿墙面；刷素水泥浆一道；9 厚 1:3 专用水泥砂浆打底扫毛或划出纹道；3 厚专用聚合物砂浆底面刮糙或专用界面剂甩毛；2 厚 1:2.5 水泥小豆石面层
干粘石	喷湿墙面；3 厚专用聚合物砂浆底面刮糙或专用界面剂甩毛；9 厚 1:3 专用水泥砂浆打底扫毛或划出纹道；6 厚 1:3 水泥砂浆；刮 1 厚建筑胶素水泥浆粘结层，干粘石面层拍平压实
斩假石	喷湿墙面；3 厚专用聚合物砂浆底面刮糙或专用界面剂甩毛；9 厚 1:3 专用水泥砂浆打底扫毛或划出纹道；10 厚 1:2 水泥石子面层赶平压实；斧剁斩毛二遍成活

外墙装饰涂料饰面
（蒸压加气混凝土砌块墙体）　表 4-22

面层名称	构造层次及施工工艺
合成树脂乳液砂壁状涂料（真石漆）	喷湿墙面；3 厚专用聚合物砂浆底面刮糙或专用界面剂甩毛；9 厚 1:3 专用水泥砂浆打底扫毛或划出纹道；6 厚 1:2.5 水泥砂浆找平；外涂薄质或厚质涂料
复层建筑涂料（浮雕凹凸花纹）	喷湿墙面；3 厚专用聚合物砂浆底面刮糙或专用界面剂甩毛；9 厚 1:3 专用水泥砂浆打底扫毛或划出纹道；外涂薄质或厚质涂料
合成树脂乳液外墙涂料（乳胶漆）	喷湿墙面；3 厚专用聚合物砂浆底面刮糙或专用界面剂甩毛；9 厚 1:3 专用水泥砂浆打底扫毛或划出纹道；6 厚 1:2.5 水泥砂浆找平；满刮腻子磨平；涂饰涂料

4.25.3　贴面类面层

图 4-227　墙面铺贴面砖

图 4-228　地面铺贴厚重面层

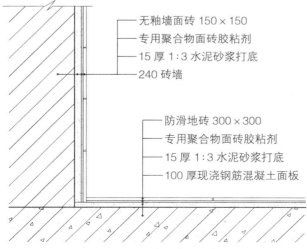

图 4-229　常用贴面构造

无釉墙面砖 150×150
专用聚合物面砖胶粘剂
15 厚 1:3 水泥砂浆打底
240 砖墙

防滑地砖 300×300
专用聚合物面砖胶粘剂
15 厚 1:3 水泥砂浆打底
100 厚现浇钢筋混凝土面板

用于墙面的贴面类材料很多，包括人工和天然的块材和卷材。常用的施工工艺分打底、敷设粘结层、铺贴表层材料三个步骤，打底层施工方法同粉刷类面层，粘结方法根据表面材料不同，如面砖常用 8 厚建筑胶水泥砂浆（或专用胶）粘结（图 4-227）；地面铺贴厚重面层则需用 30 厚 1:3 的干硬性水泥砂浆（图 4-228）。

贴面方法施工相对简便，但强度低。严寒地区选择贴面类外墙饰面砖应注意其抗冻性能，按规范规定外墙饰面砖的吸水率不得大于 10%，否则因其吸水率过大易造成冻裂脱落而影响美观。粘贴外墙砖除非采取安全措施，应避免仰粘和悬空粘贴。外墙外保温系统粘贴外墙砖时，仅限于有钢筋网外保温系统，而且对粘贴高度有限制，石材饰面仅适用于不大于 3m 的高度范围局部镶贴。粘贴前需对石材背面及四周用防污剂进行处理，防止水泥砂浆灌浆水化过程中析出大量的氢氧化钙，使石材板面出现"泛碱"现象。

4.25.4 铺钉类面层

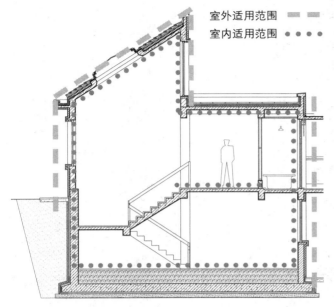

室外适用范围 ▬ ▬ ▬
室内适用范围 ● ● ● ●

图4-230 铺钉做法适用范围

铺钉做法是附加金属或木骨架固定或吊挂表层板材的工艺，采用钉、粘等干作业的方式，在建筑装修的各个部位都有广泛的采用（图4-230）。常用的有各种地板、面板墙面以及吊顶等。

1）骨架

骨架材料主要有木材和金属。外墙装修骨架多用各种型钢、角钢、槽钢等金属，以利承载和固定较厚重的外墙面层材料。型钢骨架通过建筑结构骨架（柱、梁、墙等）上的预埋铁件或膨胀螺栓连接固定在结构上，再通过金属连接件和调节板等将面层板材固定在型钢骨架上。骨架也可以通过其他连接件连接，如吊顶龙骨通过吊筋与楼板基层连接。

骨架的间距除满足刚度和强度的要求外，还应根据不同尺寸的饰面材料安装需要。例如厚度为20mm左右的长条木地板，其搁栅的间距一般不超过400mm。如果地板采用的是900mm长、四面企口的木地板，搁栅的间距则应取300mm（图4-232）。

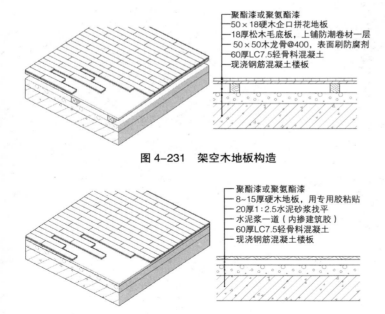

——聚酯漆或聚氨酯漆
——50×18硬木企口拼花地板
——18厚松木毛底板，上铺防潮卷材一层
——50×50木龙骨@400，表面刷防腐剂
——60厚LC7.5轻骨料混凝土
——现浇钢筋混凝土楼板

图4-231 架空木地板构造

——聚酯漆或聚氨酯漆
——8~15厚硬木地板，用专用胶粘贴
——20厚1:2.5水泥砂浆找平
——水泥浆一道（内掺建筑胶）
——60厚LC7.5轻骨料混凝土
——现浇钢筋混凝土楼板

图4-232 实铺木地板构造

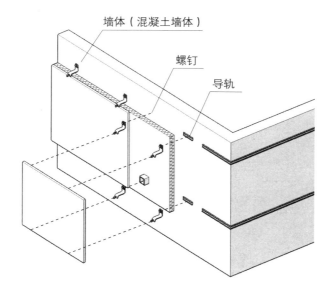

图 4-233　石材与墙体固定
用可调节型锚栓旋入墙体导轨或用螺钉固定在混凝土墙上。

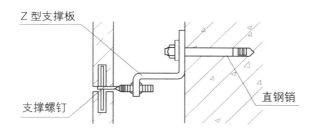

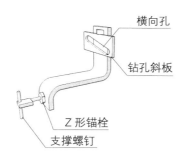

图 4-234　钢销式干挂石材幕墙
干挂石材应在石板上下间预先钻孔，将不锈钢钢销插入板中，并连同不锈钢连接件固定于幕墙金属骨架上。

2）面板

主要有石膏板、金属板及石材等。

在面板材料中，石材面板较为厚重，利用型钢骨架安装石材面板的方法称为干挂石材法。石材用挂装的方式安装在墙面上，侧边需要开孔或开槽。金属连接件的一端可以插入这些孔洞或凹槽，另一端可以固定在型钢上。连接件设计不仅要施工简便并且要考虑施工时的可调节性，以便于现场调节石材面板平整度和对齐接缝。安装板块的顺序是自下而上进行。干挂板材需由专业幕墙厂家承担设计与施工（图 4-233、图 4-234）。

用于金属骨架吊顶的吊筋按吊顶功能选择，不上人吊顶金属骨架吊顶的吊筋一般采用 Φ6 钢筋；需上人检修的吊顶，宜采用 Φ8 钢筋作吊筋。吊筋巾距一般为 900~1200mm。

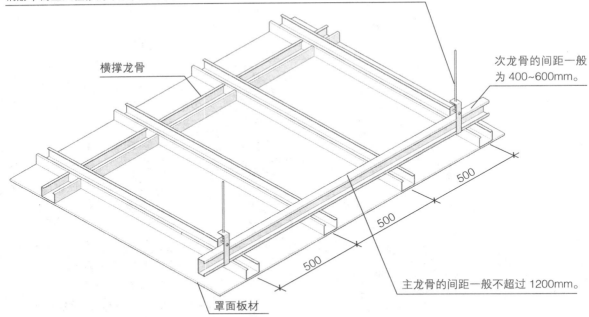

图 4-235　轻钢龙骨吊顶

①安装收边线

②打膨胀螺丝钉，悬挂吊杆

③安装龙骨

④放置罩面板在龙骨上

图 4-236　吊顶安装操作过程

现代建筑内有大量管线设备，空调管道、灭火喷淋水管、火灾报警器、广播等管线设备占用空间，为便于检修维护和线路调整，通常在室内上空、楼板下方走线，其下方的吊顶起到了遮蔽管线，美化空间的作用。

吊顶一般有骨架和面板组成。骨架包括吊筋、主龙骨和次龙骨及横档等。吊顶龙骨有木质龙骨和金属龙骨之分，前者已较少采用；后者是目前应用最广泛的一种骨架形式。面板有纸面石膏板、矿棉板、胶合板、纤维板、钙塑板、塑料板、纤维水泥加压板、金属装饰板等。一般均用自攻螺钉固定于次龙骨下，也有根据装饰面板的特点，将次龙骨及横撑龙骨做成露明的，然后直接将各类轻质罩面板搁在次龙骨和横撑龙骨上（图 4-235、图 4-236 ）。

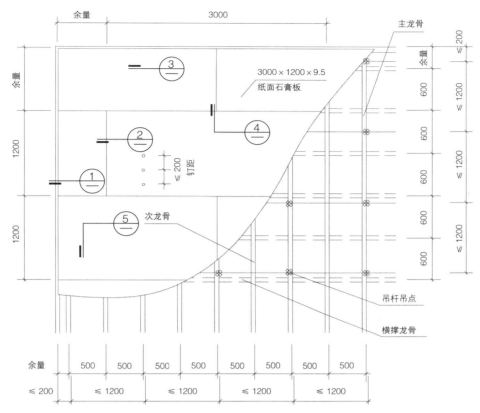

图 4-237　轻钢龙骨吊顶吊点平面示例

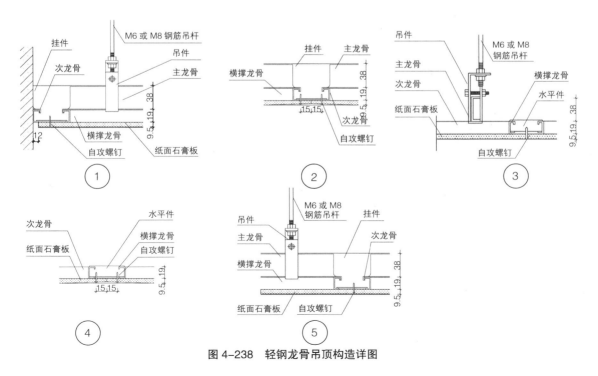

图 4-238　轻钢龙骨吊顶构造详图

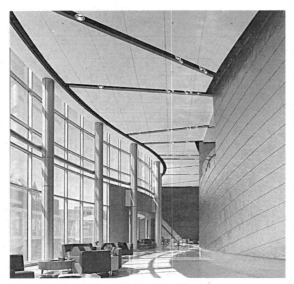

图 4-239　吸声涂层吊顶

吊顶种类繁多，一方面构造上采用不同材料完成不同的功能，另一方面也可根据材料特点，多种功能用一种材料来完成，这样提高了材料使用效率，降低了成本。如采用白色吸声涂层的吊顶面板装饰空间，可以同时提高室内光线质量和声学品质（图 4-239）。

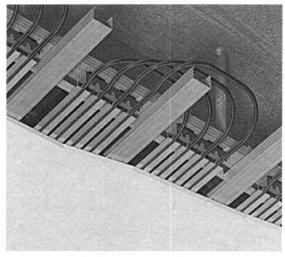

图 4-240　水源辐射供冷供热吊顶

水源辐射供冷供热吊顶实现吊顶装饰及温度调节功能的复合。吊顶面作为空调末端，水流经特制通道与金属吊顶板交换热量，控制吊顶板表面温度和调节室内热环境（图 4-240）。

4.25.5　裱糊类面层

（a）墙面需干燥，纸基墙纸用墙纸基膜均匀涂于墙壁面，彻底干燥后施工　（b）墙纸刷胶，等墙纸充分吸收胶水后施工

（c）用刮板轻刮，将气泡赶出使墙纸紧贴墙面　（d）压辊按用于墙纸之间接缝处压紧紧贴墙面

（e）切除边部多余墙纸后施工完成

图 4-241　墙纸施工过程

裱糊类墙面装修是将各种装饰性的墙纸、墙布、织锦等卷材类的装饰材料裱糊在墙体基层的装修做法。壁纸（布）是裱贴在内墙面用于装饰的一种特殊的"纸（布）"。壁纸分为很多种类，如覆膜壁纸、涂布壁纸、压花壁纸等。壁布多以丝、毛、麻等纺织物为原料。裱糊类面层施工分为打底、下料以及裱糊三个步骤：打底层施工方法同粉刷类面层中的打底找平工艺；基底平整后用腻子嵌平，按要求弹线；壁纸或壁布下料并润湿，对不同卷的壁纸（布）对图案、拼缝，使上下图案吻合；壁纸或壁布自上而下应自然悬垂裱糊，并用干净湿毛巾或刮板推赶气泡（图 4-241）。目前有种"无缝"壁纸（布）可根据居室周长定剪，墙布幅宽大于或等于房间高度，房间用一块壁纸（布）粘贴，无需拼缝。

4.26 建筑防火

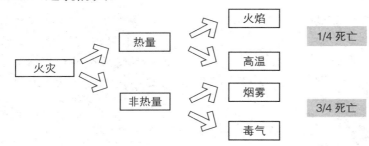

图 4-242 火灾危害

火灾对人身体造成的危害主要是有毒气体中毒和吸入烟雾造成缺氧。

建筑材料燃烧性能 表 4-23

级别	名称	级别	名称
A	不燃材料	B2	可燃材料
B1	难燃材料	B3	易燃材料

建筑构件燃烧性能 表 4-24

名称	定义
不燃烧体	用不燃烧材料做成的建筑构件，如花岗石、大理石、水磨石、水泥制品、混凝土制品等，常被用作承重构件
难燃烧体	用难燃烧的材料做成的建筑构件，或用燃烧材料做成而用不燃烧材料做保护层的建筑构件，如纸面石膏板、纤维石膏板、水泥刨花板、矿棉板、玻璃棉板等
燃烧体	用可燃或易燃烧的材料做成的建筑构件，如天然木材、木制人造板、竹材、塑料壁纸、无纺贴墙布等

燃烧试验炉　　　　　　耐火实验标准"时间—温度"曲线

图 4-243 构件的耐火极限

建筑构件的耐火极限是指按建筑构件的"时间—温度"标准曲线进行耐火试验，从受到火的作用时起，到失去支持能力或完整性被破坏或失去隔火作用时止的这段时间，用小时表示。建筑构件的耐火极限与材料的燃烧性能是两个不同概念。材料不燃或难燃，并不等于耐火极限高，如钢材是不燃的，但钢柱耐火极限仅有 0.25 小时。

火给人类带来了文明、光明和温暖，失去控制的火也会给人类带来巨大灾难（图4-242）。我国建筑控制火灾采取预防为主，"防""消"结合的方法。建筑消防系统包括建筑防火系统、灭火系统、自动报警系统、事故广播与疏散指示系统、防烟排烟系统等，其中构造措施与建筑防火系统密切相关。

表示建筑物所具有耐火性的指标称为耐火等级。一座建筑物的耐火等级由组成建筑物的所有构件的耐火性能决定，即是由组成建筑物的墙、柱、梁、楼板等主要构件的燃烧性能和耐火极限决定的。我国《建筑设计防火规范》GB 50016-2014把民用建筑的耐火等级分为一、二、三、四级，一级最高，四级最低。不同耐火等级建筑物相应构件的燃烧性能和耐火极限不应低于规定（表4-23、表4-24、图4-243）。

4.26.1 防火隔离与疏散

图 4-244 材料防火性能实验

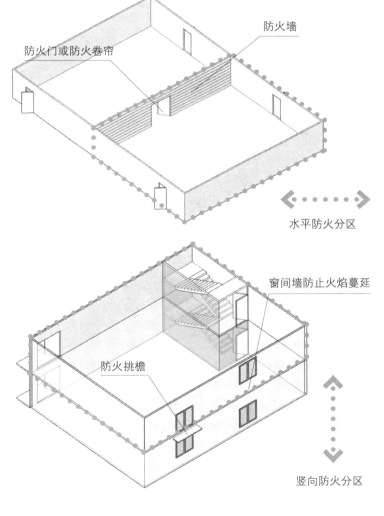

图 4-245 建筑防火分区示意

建筑消防涉及建筑学、结构、给排水、暖通空调、电气控制等不同的专业门类，具有较强的综合性。消防措施需为防火、灭火、人员物资疏散提供有利条件。

防火分区是指采用防火分隔措施划分出的、能在一定时间内防止火灾向同一建筑的其余部分蔓延的局部区域（空间单元）。防火分区可以在建筑物一旦发生火灾时，有效地把火势控制在一定的范围内，减少火灾损失，同时可以为人员安全疏散、消防扑救提供有利条件。

水平防火分区是指用防火墙或防火门、防火卷帘等防火分隔物将各楼层在水平方向分隔出的防火区域。它可以阻止火灾在楼层的水平方向蔓延。水平防火分区应用防火墙分隔，如有困难，可采用防火卷帘加冷却水幕或闭式喷水系统，也可采用防火分隔水幕分隔。

竖向防火分区是指用耐火性能较好的楼板及窗间墙（含窗下墙），在建筑物的垂直方向对每个楼层进行的防火分隔。为了防止火灾向上层蔓延，可加大上下层门窗洞口之间的墙体高度，或利用外墙挑出的阳台板、窗楣板、雨篷等，使火焰偏离上层门窗洞口，阻止火灾向上层蔓延（图 4-245）。

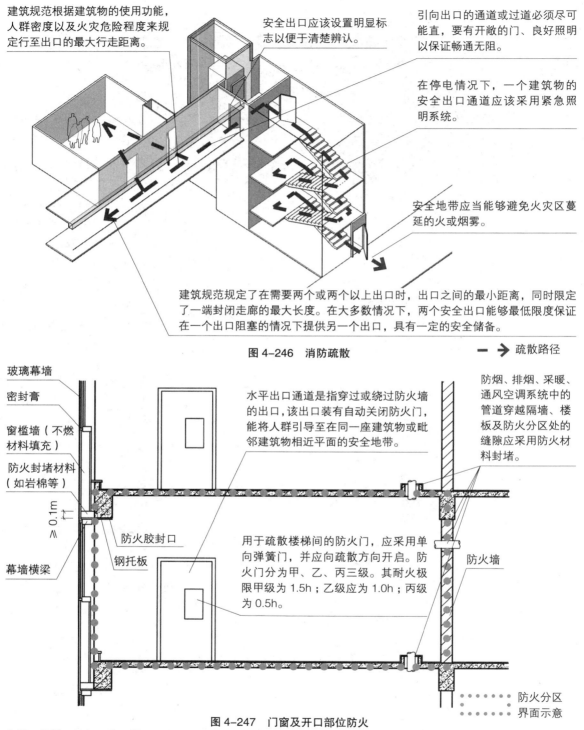

建筑规范根据建筑物的使用功能，人群密度以及火灾危险程度来规定行至出口的最大行走距离。

安全出口应该设置明显标志以便于清楚辨认。

引向出口的通道或过道必须尽可能直，要有开敞的门、良好照明以保证畅通无阻。

在停电情况下，一个建筑物的安全出口通道应该采用紧急照明系统。

安全地带应当能够避免火灾区蔓延的火或烟雾。

建筑规范规定了在需要两个或两个以上出口时，出口之间的最小距离，同时限定了一端封闭走廊的最大长度。在大多数情况下，两个安全出口能够最低限度保证在一个出口阻塞的情况下提供另一个出口，具有一定的安全储备。

图 4-246　消防疏散　　　　——→ 疏散路径

玻璃幕墙

密封膏

窗槛墙（不燃材料填充）

防火封堵材料（如岩棉等）

≥0.1m

防火胶封口

钢托板

幕墙横梁

水平出口通道是指穿过或绕过防火墙的出口，该出口装有自动关闭防火门，能将人群引导至在同一座建筑物或毗邻建筑物相近平面的安全地带。

防烟、排烟、采暖、通风空调系统中的管道穿越隔墙、楼板及防火分区处的缝隙应采用防火材料封堵。

用于疏散楼梯间的防火门，应采用单向弹簧门，并应向疏散方向开启。防火门分为甲、乙、丙三级。其耐火极限甲级为1.5h；乙级应为1.0h；丙级为0.5h。

防火墙

············ 防火分区
············ 界面示意

图 4-247　门窗及开口部位防火

电梯、楼梯、设备、垃圾等竖井往往贯穿整个建筑，若未考虑消防设计，一旦发生火灾，就可以蔓延到建筑物的任意一层，建筑中一些不引人注意的孔洞，有时也会造成火灾，如幕墙与分隔构件之间的空隙，保温夹层、通风管道等通道，为了避免火灾蔓延，这些都需要采用防火构造措施分隔。

4.26.2 防火构造

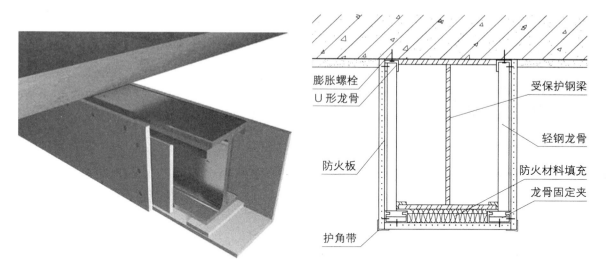

图 4-248 防火板保护

钢结构通常在 450~650℃温度中就会发生很大的形变，导致钢柱、钢梁弯曲，结果因过大的形变而不能继续使用。钢结构必须进行防火处理，将耐火极限提高到设计规范规定的范围。

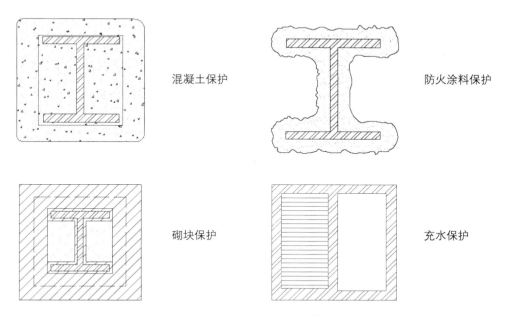

图 4-249 防火保护构造

除以上几种防火构造外，钢结构还可以用柔性毡状隔热材料保护或复合防火保护。复合防火保护是在钢结构表面涂敷防火涂料或采用柔性毡状隔热材料包覆，再用轻质防火板作饰面板。钢结构防火无论采取何种方法，其原理是一致的，即降低热量传递的速度，推迟钢结构升温时间。钢结构防火保护措施应按照安全可靠、经济实用的原则选用，并考虑施工方便，材料不对人体有毒害。

第 5 章

上与下——楼梯与构配件

楼梯可以通过材料的坚硬和脆弱，通过实与虚可靠性以及扶手和踏步的高度，当然还有他们在空间的位置，表现出让人畏惧的效果。

——《勒·柯布西耶与建筑漫步》弗洛拉·塞缪尔编著

5.1　楼梯类型

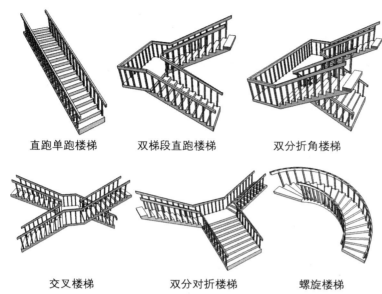

| 直跑单跑楼梯 | 双梯段直跑楼梯 | 双分折角楼梯 |
| 交叉楼梯 | 双分对折楼梯 | 螺旋楼梯 |

图 5-1　楼梯形式

楼梯、电梯及台阶、坡道是普遍使用解决楼层垂直联系的交通构件，也是建筑主要的构配件（图 5-1）。

楼梯一般由楼梯段、休息平台和栏杆扶手组成。安全性和便利性是楼梯布置和设计考虑的重点。楼梯应上下通行方便，有足够的通行宽度和疏散能力，满足坚固、耐久、防火和审美要求。建筑规范对楼梯的设计做了严格的要求，特别是当楼梯作为安全疏散的一个组成部分时，楼梯数量和通行宽度应满足消防疏散的能力。楼梯间应易找，尽量直接采光和自然通风。楼梯间的门应开向人流疏散方向，底层应有直接对外的出口；楼梯间的首层应设置直通室外的安全出口，或在首层采用包括走道、门厅的扩大封闭楼梯间。当层数不超过 4 层时，可将直通室外的安全出口设置在距楼梯间不大于 15m 处。供老年人、残疾人使用及其他专用服务楼梯应符合专用建筑设计规范的规定（图 5-2、表 5-1）。

楼梯不仅可以解决建筑的垂直交通联系功能，也是建筑造型和室内空间的重要元素。楼梯根据在建筑中所处的平面位置和功能要求，可以有多种平面布置形式。建筑中最常用的楼梯形式是双跑楼梯，也称双梯段直跑楼梯。

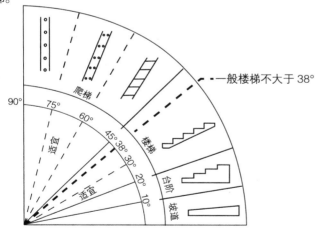

图 5-2　楼梯坡度

常见的楼梯坡度范围为 25°~45°，其中以 30° 左右较为通用。楼梯坡度的大小与踏步的尺寸有关，一般按经验公式计算：$2h+b=600~620$（mm）式中 h—踏步高度；b—踏步宽度。

疏散楼梯踏步最小宽度和最大高度（mm）　　　表 5-1

楼梯类型	最小宽度	最大高度
住宅	260	175
幼儿园、小学等	260	150
电影院、剧场、体育馆、商场、医院、疗养院等	280	160
其他建筑物	260	170
专用服务楼梯、住宅内	220	200

5.2 楼梯相关规范规定

楼梯应至少一侧设扶手，梯段净宽达三股人流时应两侧设扶手，达四股人流时宜加设中间扶手。

上下两个梯段之间留出的空隙称为楼梯井。公共建筑中的楼梯井宽度不应小于 0.15m（水平净距）。托儿所、幼儿园、中小学及少年儿童专用活动场所的楼梯，梯井净宽大于 0.2m 时，必须采取防止少年儿童攀滑的措施，楼梯栏杆应采取不易攀登的构造，当采用垂直杆件做栏杆时，其杆件净距不应大于 0.11m。

梯段改变方向时，扶手转向端处的平台最小宽度不应小于梯段宽度，并不得小于 1.20m，即 $A \geqslant B \geqslant 1.2m$，当有搬运大型物件需要时应适量加宽。

墙面至扶手中心线或扶手中心线之间的水平距离即楼梯梯段宽度除应符合防火规范的规定外，供日常主要交通用的楼梯的梯段宽度应根据建筑物使用特征，按每股人流为 0.55+（0~0.15）m 的人流股数确定，并不应少于两股人流。0~0.15m 为人流在行进中人体的摆幅，公共建筑人流众多的场所应取上限值。

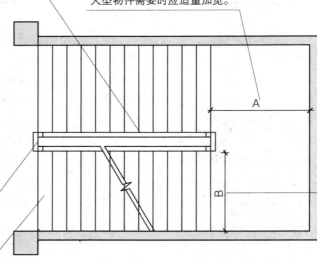

每个梯段的踏步不应超过 18 级，亦不应少于 3 级。

楼梯平台上部及下部过道处的净高不应小于 2m，梯段净高不宜小于 2.20m。梯段净高为自踏步前缘（包括最低和最高一级踏步前缘线以外 0.30m 范围内）量至上方突出物下缘间的垂直高度。

室内楼梯扶手高度自踏步前缘线量起不宜小于 0.9m。靠楼梯井一侧水平扶手长度超过 0.5m 时，其高度不应小于 1.05m。高层建筑的栏杆高度应再适当提高，但不宜超过 1.2m。有儿童出入的场所，扶手不应高于 0.6m。

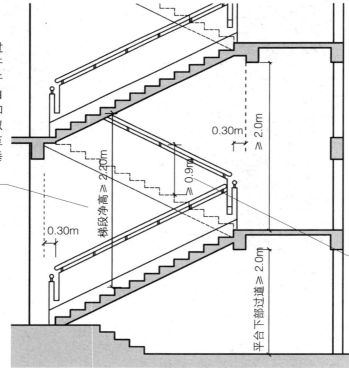

图 5-3　楼梯相关规范规定

5.3　楼梯竖向设计

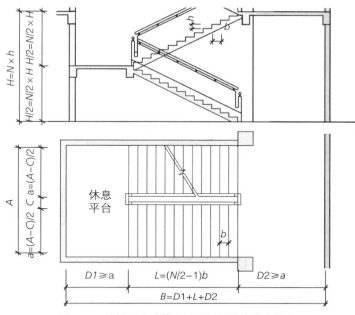

图 5-4　楼梯尺寸计算（以平行双跑楼梯为例）

楼梯尺寸计算（图 5-4）

1. 根据层高 H 和初选步高 h 定每层步数 N，$N=H/h$；

2. 根据步数 N 和初选步宽 b 决定楼梯水平投影长度 L，$L=(0.5N-1)\times b$；

3. 确定是否设梯井；

4. 根据楼梯开间净宽 A 和梯井宽 C 确定梯段宽度 a，$a=(A-C)/2$；

5. 根据初选中间平台宽度 $D1$（$D1\geqslant a$）和楼层平台宽度 $D2$（$D2>a$）以及梯段水平投影长度 L 检验楼梯间进深净长度 B，$B=D1+L+D2$。

在底层层高有限制的情况下，为保证底层入口楼梯平台下的通行高度，可采取以下几种办法来解决（图 5-5）：

（1）降低入口平台下局部地坪的标高；

（2）提高底层平台标高，采用长短跑梯段；

（3）以上两种方法结合使用；

（4）底层采用直跑梯段。

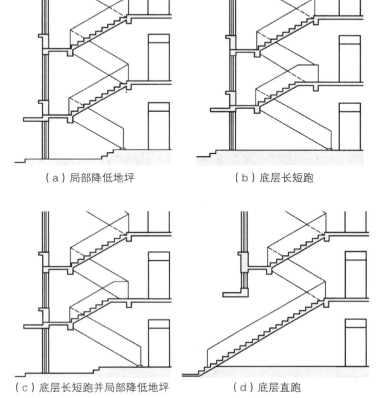

（a）局部降低地坪　　　　　（b）底层长短跑

（c）底层长短跑并局部降低地坪　　　（d）底层直跑

图 5-5　楼梯间入口竖向处理

5.4　梯段转折处理

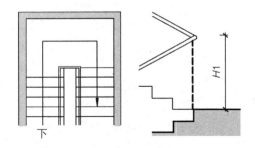

（a）上行梯级后退一步，栏杆与下行梯级平

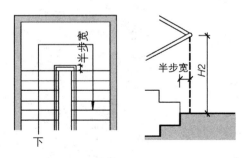

（b）上行下行梯级取平，栏杆伸出梯级半步

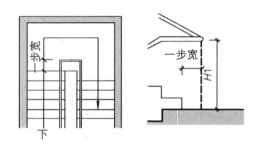

（c）下行梯级后退一步，栏杆伸出梯级一步

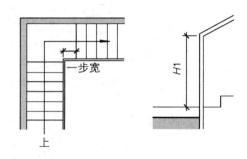

（d）转角梯上行梯级前推一步

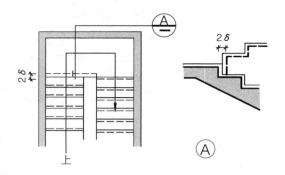

（e）当要求建筑装修面齐平时，结构上下行梯级的起步面相差2倍装修层厚度

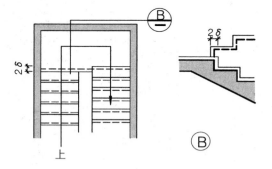

（f）当要求上下行梯级的起步面与结构面齐平时，建筑装修面相差2倍装修层厚度

图5-6　楼梯转折处的常用做法

双跑楼梯在平台转折处，上下梯段的扶手连接常因高差有几种不同的处理方法。$H1$ 为踏步前沿至扶手顶的高度，$H2$ 为踏步中心线至扶手顶高度，δ 为装修层厚度。

5.5 栏杆与栏板

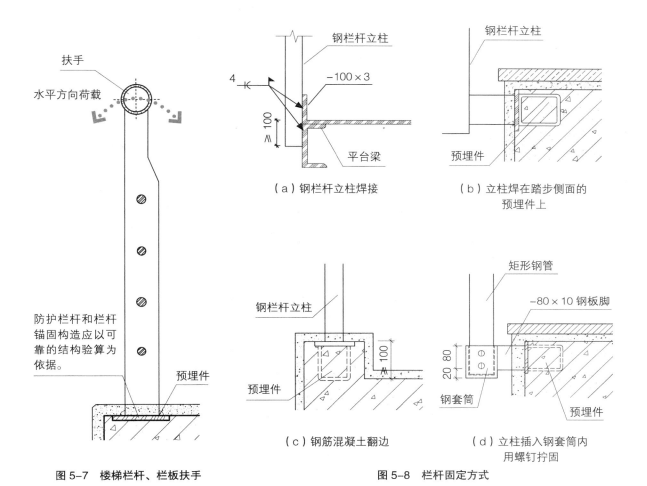

图 5-7　楼梯栏杆、栏板扶手

（a）钢栏杆立柱焊接

（b）立柱焊在踏步侧面的预埋件上

（c）钢筋混凝土翻边

（d）立柱插入钢套筒内用螺钉拧固

图 5-8　栏杆固定方式

楼梯栏杆、栏板扶手高度　　　　　表 5-2

类别	楼梯梯段栏杆、栏板扶手高度	靠梯井一侧水平扶手长度大于 0.5m 时	
室外楼梯	1.10m	1.10m	
室内楼梯	0.90m	六层及六层以下建筑	1.05m
		学校及六层以上建筑	1.10m
幼托楼梯	0.90m、0.60m 上下扶手	—	—

注：表中所注楼梯栏杆、栏板扶手高度为自踏步前缘线量起至扶手上皮的垂直线高。

栏杆和栏板作为上下楼梯的安全围护设施，也是建筑中装饰性较强的构件，选用的材料必须具有一定的强度和能够抵抗水平推力。栏杆与楼梯的构造连接力求牢固、安全，常用电焊或螺栓连接。扶手断面设计应充分考虑人的手掌尺寸、手感及造型美观（图 5-7、图 5-8）。

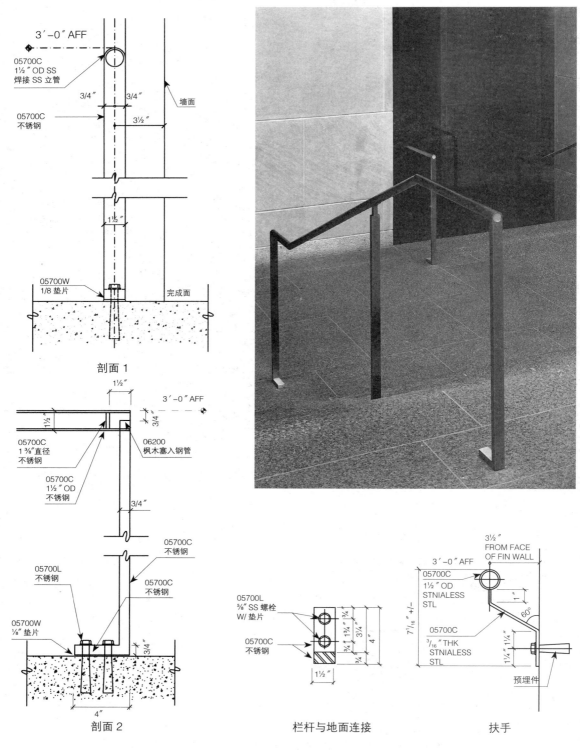

图 5-9 栏杆实例
美国宾州哈里斯堡吉斯通大楼，Bohlin Cywinski Jackson 事务所

5.6　作为空间元素

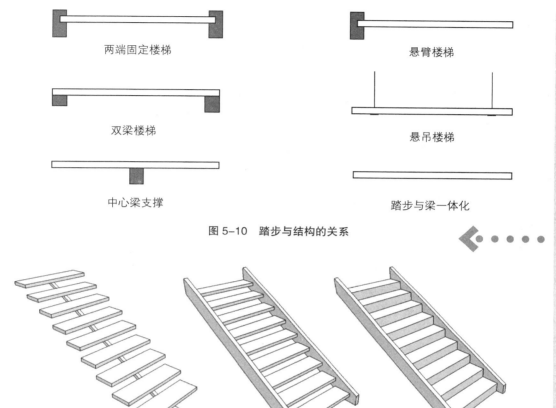

两端固定楼梯

双梁楼梯

中心梁支撑

悬臂楼梯

悬吊楼梯

踏步与梁一体化

图 5-10　踏步与结构的关系

图 5-11　同种平面形式　不同的结构处理方法

图 5-12　同种平面形式　不同的材料处理方法

技术发展使建筑师可以自由地处理楼梯形态，使楼梯成为一个相对独立的空间元素

图 5-13　洛杉矶盖蒂中心　理查德·迈耶设计

理查德·迈耶注重立体主义构图和光影的变化，强调面的穿插，讲究纯净的建筑空间和体量。简单的楼梯结构将室内外空间和体积完全融合在一起。通过对空间、光线等方面的控制，创造出了新的建筑语言。

图 5-14　洛杉矶县立艺术博物馆新馆　伦佐·皮亚诺设计

为了将建筑的实际重量以及视觉重量减至最小，伦佐·皮亚诺不断尝试各种新型建筑材料，寻求各种不同的衔接方式。通过层出不穷的连接技巧，伦佐·皮亚诺让单调重复的裸露楼梯构件，展现出一种诗意的韵律。

5.7　台阶与坡道

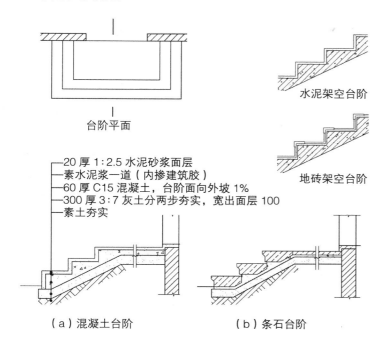

台阶平面

水泥架空台阶

地砖架空台阶

—20 厚 1:2.5 水泥砂浆面层
—素水泥浆一道（内掺建筑胶）
—60 厚 C15 混凝土，台阶面向外坡 1%
—300 厚 3:7 灰土分两步夯实，宽出面层 100
—素土夯实

（a）混凝土台阶　　　　（b）条石台阶

图 5-15　台阶

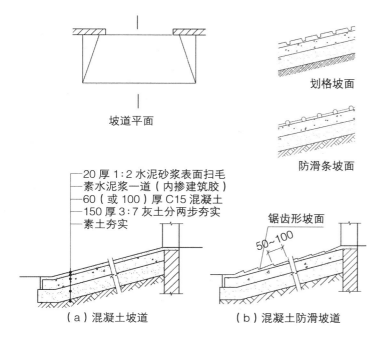

坡道平面

划格坡面

防滑条坡面

—20 厚 1:2 水泥砂浆表面扫毛
—素水泥浆一道（内掺建筑胶）
—60（或 100）厚 C15 混凝土
—150 厚 3:7 灰土分两步夯实
—素土夯实

锯齿形坡面

50~100

（a）混凝土坡道　　　　（b）混凝土防滑坡道

图 5-16　坡道

台阶、坡道实际上是有坡度的地面，主要用于解决建筑物室内外地面或楼层不同标高处的高差。台阶、坡道的构造做法可以参见室内地面及楼梯踏步的各种装修构造做法（图 5-15、图 5-16）。

台阶的踏步尺寸可略宽于楼梯踏步的尺寸。踏步宽度不宜小于 300mm；踏步高度不宜大于 150mm，连续踏步数不应小于二级。当高差不足二级时，需设计成坡道。

台阶的长度一般大于门的宽度，端部收头可以有多种形式。室外台阶要考虑防水，防冻，防滑，可用天然石材、混凝土、砖砌等，面层材料应根据建筑设计来决定。在人流密集场所，当台阶高度超过 1m 时，应设有护栏。

受房屋主体沉降、热胀冷缩、冰冻等因素的影响，有可能造成台阶与坡道的变形，处理方法可以加强房屋主体与台阶坡道之间的联系，形成整体沉降，也可将二者结构完全脱开，对连接节点进行处理。

5.8 电梯

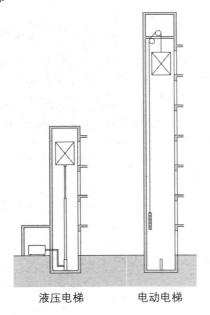

图 5-17　电梯分类

配重
导轨
轿厢

液压电梯　　电动电梯

普通客梯　　病床梯　　货梯　　小型杂物梯

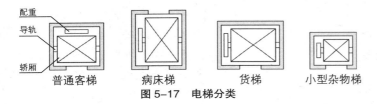

公共建筑：不小于 1.5 × 最大轿厢深度，并不小于 2.4m。
住宅建筑：不小于最大轿厢深度，并不小于 1.5m。

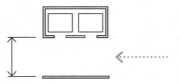

2 × 最大轿厢深度，并小于 4.5m，每单元最多 8 台。

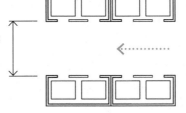

图 5-18　电梯平面布置

电梯种类、规格、数量、速度以及布置由下列条件决定：居住种类；运送数量和速度；垂直行程距离；来回运行时间和预计速度。当电梯多于四台时，需要两个或更多的电梯井。

从工作原理上，电梯分为液压电梯和电动电梯。液压电梯采用液压驱动机械升降电梯厢及其荷载。较低的速度和活塞的长度限制其仅能用于有限的高度。液压电梯最初安装费用少，但运行耗能大（图 5-17）。

电动电梯是一种电能电梯，它是通过电力驱动机械产生动力。由于高速和垂直提升高度无限制，这种电梯可用于高层、多层和底层建筑。

从功能上，电梯分客梯和货梯两大类；此外还有医院专用电梯、观光电梯等。设计可根据使用功能选择电梯的种类、载重量和速度，并按所需的运载量确定电梯的数量。高层建筑除设置普通电梯外，一般还要配备消防电梯。消防电梯在平面布置中宜靠近底层出入口位置。电梯不应计作安全出口，设有电梯的建筑物仍应按防火规范规定的安全疏散距离设置疏散楼梯。电梯井不宜被楼梯环绕。

在电梯开门处一般均做门套装修，简单处理可以用水泥砂浆抹灰；考究的也可用花岗石、大理石、墙面砖或不锈钢等材料做饰面。

不同生产厂商对电梯规格、布置、控制以及安装有不同要求，建筑设计时要查阅产品资料或咨询相关厂商。

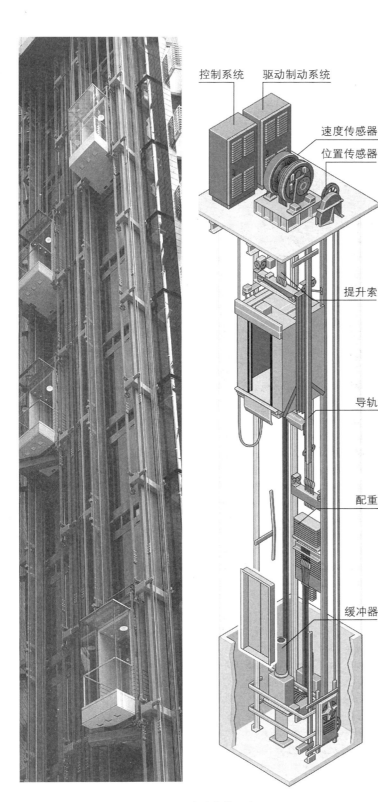

控制系统　驱动制动系统

速度传感器

位置传感器

机房

提升索

导轨

井道

配重

缓冲器

地坑

图 5-19　电动电梯示意图

电动电梯一般由井道、地坑和机房三部分组成。高层建筑的电梯井道，当超过两部电梯时应用墙隔开；在普通电梯与消防电梯之间，井道和机房内也应用墙加以隔开。电梯轿厢由垂直导轨控制，液压电梯轿厢由活塞或圆柱支撑。电动电梯轿厢由拉升机械支撑，配重决定了拉升钢绳的负载能力。此外，电梯井道和机房不宜与主要用房贴邻布置，否则应采取隔振、隔声措施。井道地坑要考虑排水设施（图 5-19）。

电梯机房应为专用的房间，电动电梯机房设计包括电梯升降机械和控制装置，通常其直接位于提升间的顶部，也可位于其下部的旁边或背面。对电梯来说必须考虑有足够的通风、隔声设施和结构的支撑，同时要有独立的安全通道门。其围护结构应保温隔热，室内应有良好通风、防潮和防尘。不应在机房顶板上直接设置水箱及在机房内直接穿越水管或蒸汽管。

液压电梯机房通常位于井道基础附近，可容纳液压设备和控制器。必须考虑充足的通风和隔音措施，同时要有独立的安全通道门。

5.9 自动扶梯

自动扶梯是用电动机牵引的楼梯，它由踏步和连续转动的传动带组成。公共建筑中设置自动扶梯可以及时连续运送上下楼层的人流。自动扶梯可以正逆方向运行，当机器停运时，还可兼作临时楼梯使用，但不计作安全出口。自动扶梯的坡度有27°、30°和35°几种；按运行能力又可分为单人和双人两种；同时它也可做成水平运行方式或坡度平缓（≤12°）的室内人行道。从防火安全考虑，在室内每层设有自动扶梯开口处，四周敞开的部位均须设置防火卷帘或水幕，并加密自动喷淋的喷头。

自动扶梯起止平台的深度除满足设备安装尺寸外，还应根据梯长和使用场所的人流留有足够的等候及缓冲面积。

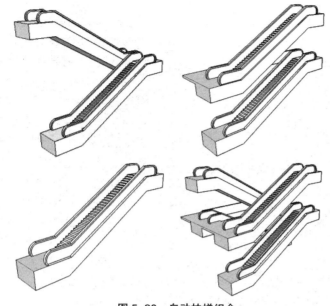

图 5-20　自动扶梯组合

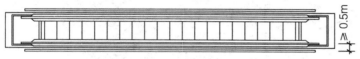

图 5-21　自动扶梯剖面

扶手带中心线与平行墙面或楼板开口边缘间的距离、相邻平行交叉设置时二梯（道）之间扶手带中心线水平距离不宜小于0.5m，否则应采取措施防止障碍物引起人员伤害。

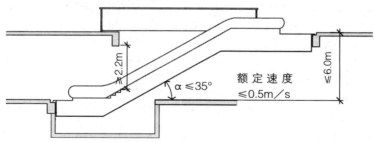

图 5-22　自动扶梯平面

自动扶梯的梯级、自动人行道的踏板或胶带上空，垂直净高不应小于2.30m。提升高度不超过6.0m，额定速度不超过0.5m/s时，倾斜角允许增至35°。

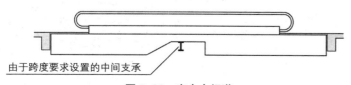

由于跨度要求设置的中间支承

图 5-23　室内人行道

5.10　无障碍设计

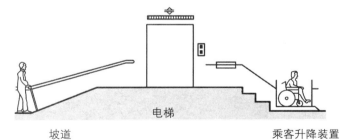

电梯

坡道　　　　　　　　　　　乘客升降装置

图 5-24　无障碍交通设施

建筑物的出入口处为便于车辆出入，常做成坡道。坡道的坡度范围一般在 1:8~1:12 左右；室内坡道坡度不宜大于 1:8，室外不宜大于 1:10。供残疾人使用的坡道坡度不应大于 1:12，坡道的净宽度不应小于 0.9m，每段坡道允许高度 0.75m，每段坡道允许水平长度 9.0m，当坡道的高度和水平长度超过上述数据时，应在坡道中间或转弯处设置深度不小于 1.5m 的休息平台。当坡道侧面临空时，在栏杆下端宜设置高度不小于 50mm 的安全挡台。残疾人使用的室外台阶踏步的最小宽度不小于 0.3m，最大高度不超过 0.14m。

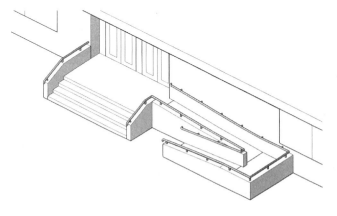

图 5-25　无障碍坡道

当室内坡道长度超过 15m 时，宜在坡道的中间设置休息平台，平台的深度与坡道的宽度应按使用功能所需缓冲空间而定。坡道材料一般选用抗冻性好和表面结实的材料。坡道表面应用防滑地面，如在坡道表面设置防滑条、防滑锯齿或刷防滑涂料等。

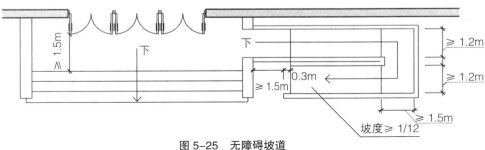

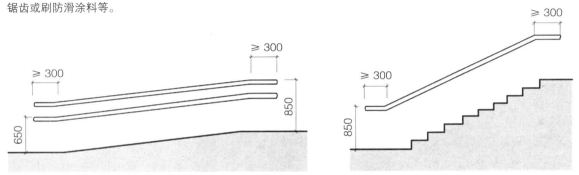

图 5-26　扶手要求

坡道两侧应分别设置高度为 0.65m 和 0.85m 的双层扶手，且扶手应保持连贯，在起、终点处，应水平延伸 0.30m 以上。

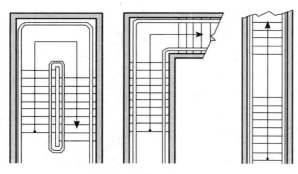

（a）有休息平台的直形楼梯

（a）无休息平台及弧形楼梯

无休息平台和弧形楼梯踏面宽度不一致，无休息平台对残疾人使用带来不便。

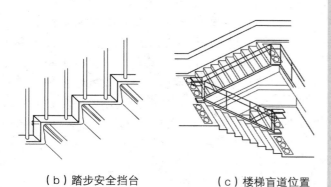

（b）踏步安全挡台　　　（c）楼梯盲道位置

台阶侧面做安全挡台，防止拐杖滑落。

图 5-27　楼梯的无障碍设计

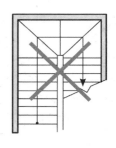

（b）无踢面踏步　　（c）突缘直角形踏步

踏面前缘如有突出部分应设计成圆弧形，以防绊落拐杖头和绊脚。

图 5-28　楼梯的无障碍设计错误做法

残疾人使用的楼梯与台阶设计要求　　　表 5-3

类别	设计要求
楼梯与台阶形式	应采用有休息平台的直线形梯段和台阶；不应采用无休息平台的楼梯和弧形楼梯；不应采用无踢面和突缘为直角形踏步
宽度	公共建筑梯段宽度不应小于 1.50m；居住建筑梯段宽度不应小于 1.20m
扶手	楼梯两侧应设扶手；从三级台阶起应设扶手
踏面	应平整而不应光滑；明步踏面应设高不小于 50mm 安全挡台
盲道	距踏步起点与终点 25~30cm 应设提示盲道
颜色	踏面和踢面的颜色应有区分和对比

残疾人使用的楼梯与台阶踏步尺寸要求
表 5-4

建筑类别	最小宽度（m）	最大高度（m）
公共建筑楼梯	0.28	0.15
住宅、公寓建筑公用楼梯	0.26	0.16
幼儿园、小学校楼梯	0.26	0.14
室外台阶	0.30	0.14

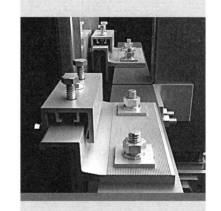

第 **6** 章

分与合——分缝与连接

连接关系存在于一切建筑之中。无论土、木、砖、石，还是钢铁、玻璃，每当两种材料、两个构件相交或相邻，连接关系就产生了。形形色色的构造节点正是通过各种各样的连接关系而生成，表达着建造的逻辑。

连接与分缝不仅反映着其所担负的功能，而且还对建筑细节的塑造，具有不可忽视的作用。

6.1 材料与连接方式

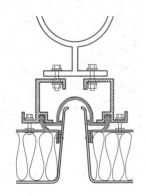

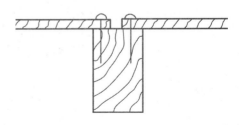

图 6-1 密封技术与现代建筑

20 世纪上半叶，合成高分子材料的应用是现代密封技术的开端。"二战"中飞机驾驶舱玻璃和机身铝皮间采用合成高分子胶条作为防风雨密封。没有现代连接和密封技术，现代建筑不可能发展并普及。合成高分子材料密封技术对现代建筑幕墙发展是必不可少的，很难想象，高层建筑幕墙中采用钉接的方式。

图 6-2 不同材料的连接

连接节点要符合材料规格、伸缩大小或特殊建筑构件力学要求，但建筑师仍可以创造性地设计出各种连接形式，通过强调连接特征或巧妙隐藏，形成具有感染力的形式。

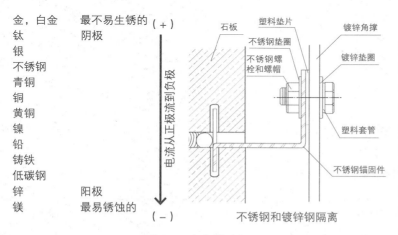

图 6-3 电化学反应

构件连接方式与材料的性能密切相关，特定的材料具有特定的节点。木材可以榫接、钉接也可以绑扎，金属构件通常的连接方式有焊接、铆接、销接、卡具连接。连接应尽量发挥材料性能特点，避免相邻构件发生有害的电化学反应（图6-3）。节点设计应考虑连接工艺条件，符合施工工序，留有必要作业空间。

电化序列按照金属从最不易锈蚀到最易锈蚀的顺序排列。若湿度充分，序列中较靠后的金属就会被腐蚀。序列中的两个金属位置越远，易锈蚀的金属腐蚀得越快。为防止电蚀，需把不同的材料隔离开来。

6.2 连接分类

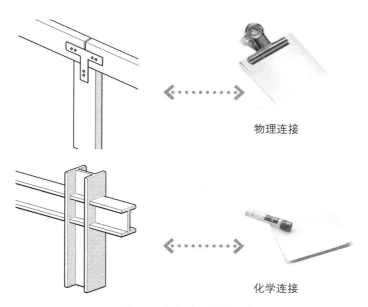

物理连接

化学连接

图 6-4 根据连接性质分类
物理连接方式包括绑扎、榫接、铆接、栓接、销接、搭接等。化学连接方式包括焊接、胶接等。

建筑构造中连接方式众多，新材料、工艺的出现会产生新的连接类型。连接一般可分为物理连接方式（如通过摩擦或机械锁定连接）和化学连接方式（如通过化学粘结连接）（图 6-4），可拆卸连接（如榫卯连接、销接)和永久性连接(如铆接、焊接 ）等。

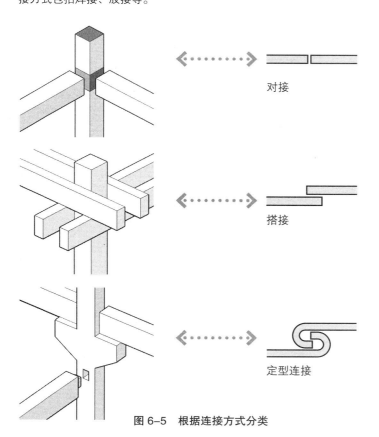

对接

搭接

定型连接

图 6-5 根据连接方式分类

结构构件彼此连接在一起的方式有 3 种：对接、搭接、定型连接。对接可以保持其中一个结构杆件的连续性。搭接则可以保证所有连接杆件的连续性。所有连接的杆件也可以通过定型连接形成结构节点(图 6-5)。

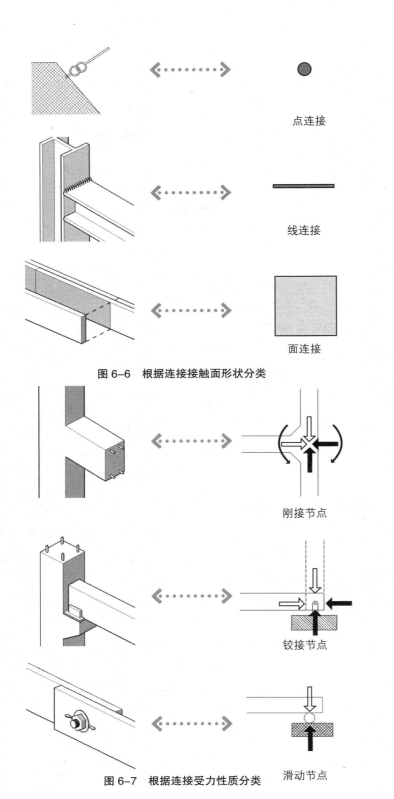

连接结构构件的形式可以是点接、线接、面接。线接和面接可以约束扭转，点接不能约束转动，只有在某一区域采用一系列分布点接才能承担弯矩，约束转动（图6-6）。

点连接

线连接

面连接

图6-6　根据连接接触面形状分类

刚接节点（固支）可以保持结构构件之间的相对角度，约束各个方向的线位移和转动。因此，刚接节点可以承担轴力、剪力、弯矩。

刚接节点

理论上，铰接在所有方向都只约束线位移，不约束转动位移。

铰接节点

滑动节点允许各个方向转动，同时只约束与构件接触面垂直方向的线位移。建筑构造中很少用到滑动节点，大多采用铰接节点或刚接节点。只有在允许结构构件收缩和膨胀时会用到这类节点（图6-7）。

图6-7　根据连接受力性质分类

滑动节点

（a）绑扎

绑扎连接是传统材料（如竹木结构）采用较多的一种方式。绑扎速度快，拆除方便。结构施工中绑扎也用于钢筋间搭接。

（b）钉接

木料连接物，一般由熟铁制成。长度愈长相对的直径愈粗，所以其规格以长度及直径来表示。

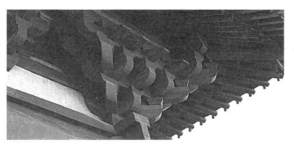

（c）搭接

搭接又称榫卯连接或舌槽连接，构件通过榫眼和榫头或接触面相互咬合连接。榫卯是我国古代木构建筑广泛使用的连接方式，有几十种不同的"榫卯"。一些技术高超的工匠可以仅靠榫卯完成体量巨大的木构建筑。

（d）铆接

铆钉通过自身变形连接铆接件。铆接施工简单，但由于在构件上挖洞产生集中应力，降低断面性能，所以近年来较少采用。

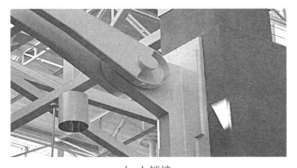

（e）销接

销式连接一般用于铰接连接或受拉构件的连接。连接的构件之间可自由转动，主要用于结构中的铰节点。销连接构件的周边部件有间隙时，销便起不了作用，所以需要很高的部件精度和施工精度。

（f）胶接（胶粘剂）

通过化学方法将两个或更多的面粘合在一起。胶接接头应避免拉伸和剥离，尽可能使接头只受剪切。如胶接剂的强度低于被连接件强度，接头应具有足够的粘接面积。胶接重量轻、耐腐蚀、密封性好，适用于不同材料的连接，但胶接接头一般不适用于高温环境。胶粘剂适用于防水卷材、壁纸、壁布、陶瓷墙地砖、塑料地板等，民用建筑室内应优先选用无醛粘结剂。

图 6-8 常用材料连接方法

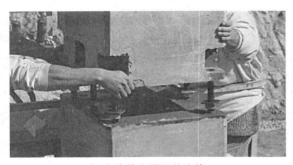

（g）浇接和预埋件连接

浇接对应着混凝土施工工艺，通过混凝土现浇的形式将构件连接起来。混凝土和砌块常常通过金属预埋件或连接器间接与其他构件连接。

（h）焊接

通过加热加压，使金属或非金属材料局部连接的一种方法。焊接节省金属材料、减轻结构重量、密封性良好、能承受高压，应用较广泛。

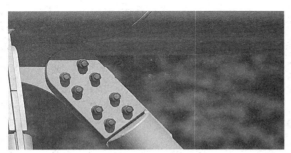

（i）栓接

螺栓与螺母、垫圈配合使用。普通螺栓可重复使用，高强螺栓用于永久连接。建筑主构件一般采用高强螺栓。膨胀锚栓、化学锚栓也是螺栓的一种形式。膨胀锚栓借助膨胀管张开与混凝土产生摩擦力抗拔。化学锚栓采用打孔成型，放入栓杆灌化学浆料形成锚固。膨胀锚栓和化学锚栓均需打孔，常对受力钢筋混凝土造成损伤，因此重要连接应采用预埋件形式。

（j）胶接（砂浆）

由胶凝材料（水泥、石灰、黏土等）和细骨料（砂）加水拌合而成，是块状砌体材料的胶粘剂。

图6-8　常用材料连接方法（续）

不同材料间的连接　　　　　　　　　　　　　　　　　　表6-1

	竹	木	金属	塑料	玻璃	混凝土	砌块
竹	绑扎、销接、栓接	绑扎、销接、栓接	绑扎、销接、栓接			预埋件连接	预埋件连接
木	绑扎、销接、栓接	搭接、钉接、栓接、胶接（胶粘剂）	栓接、胶接（胶粘剂）	胶接（胶粘剂）	栓接,胶接（胶粘剂）	预埋件连接	预埋件连接
金属	绑扎、销接、栓接	栓接、胶接（胶粘剂）	焊接、销接、铆接	胶接（胶粘剂）	胶接（胶粘剂）	预埋件连接	预埋件连接
塑料		胶接（胶粘剂）	胶接（胶粘剂）	胶接（胶粘剂）	胶接（胶粘剂）	预埋件连接	预埋件连接
玻璃		栓接,胶接（胶粘剂）	栓接、胶接（胶粘剂）	胶接（胶粘剂）	胶接（胶粘剂）	预埋件连接	预埋件连接
混凝土	预埋件连接	预埋件连接	预埋件连接	预埋件连接	预埋件连接	浇接	浇接
砌块	预埋件连接	预埋件连接	预埋件连接	预埋件连接	预埋件连接	浇接	浇接

6.3　连接设计

图 6-9　分解

美国休斯敦赛·托姆布雷画廊木柱运用了分解的概念，一个柱子分解为两部分，分解后的木柱受力更为清晰。

图 6-10　转化

Cause+Affect 设计的萨里中心城大堂采用木柱支撑，木柱与基础的连接采用钢铸件。木柱与钢材的截面的转化不仅带来连接的便利，也使得节点设计的灵活性得以体现。

图 6-11　整合

OMA 设计的西雅图中央图书馆模糊了窗、墙、屋顶的概念，建筑表面由菱形工字钢组成。工字钢截面形状、尺度大小一致，统一采用铆接联结，受力较大的位置采用工字钢叠加完成。

1）分解

构件材料在结构概念中为单一构件，但在实际连接中构件数量或截面形式可以化整为零。这一手法在钢结构杆件体系中较为常见，如悬挂结构中的受拉杆常分解成几根杆的组合；柱子分解为束柱等。分解的目的出于结构受力需要，或制造间隙，方便连接。分解有利于提炼连接基本形式，达到简化连接、整合节点的目的（图 6-9）。

2）转化

构件材料的替代和尺寸的转化也是连接设计的主要问题。转化的目的是为了缩小构件截面，方便连接设计，在表达传力的同时，设计也将力的流动艺术化（图 6-10）。

3）整合

整合立足于减少构件种类及数量，简化连接方式。这种方法各节点受力方式相同，构件截面形状类似，尺度近似。受力方式相同保证了选择相似截面的科学性；截面形式相似，尺度近似则保证了视觉上的整体性（图 6-11）。

6.4 易拆卸的设计

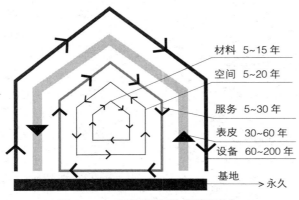

材料 5~15 年
空间 5~20 年
服务 5~30 年
表皮 30~60 年
设备 60~200 年
基地 ——→ 永久

图 6-12　建筑不同部位的预期寿命

建筑不同部位有不同的预期使用寿命，在设计时应考虑到如何便于维护、修理（图 6-12）。运用"易拆卸设计"概念进行建筑设计，有助于建筑材料循环使用，保护环境。"易拆卸"的连接部位应简化，在条件允许下，连接部位应考虑方便日常维护和拆卸（图 6-13、表 6-2）。

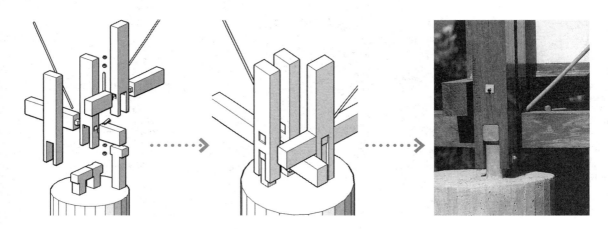

图 6-13　巴西圣保罗 Helio Olga 住宅
住宅主体结构由木材装配而成，木结构柱底部通过螺栓锚固在混凝土基础上。

连接方式的"易拆卸"性比较　　　　　　　　　　　　　　　　　表 6-2

连接方式	优点	缺点
螺丝固定	方便拆除	螺丝孔和螺丝很难再重复使用；成本高
螺栓固定	强度高；可以被多次重复再利用	会失灵，导致拆除困难；成本高
钉子固定	施工快速；成本低	难以拆除；拆除时常常会将所处的关键部位破坏
摩擦固定	在拆除时保护建筑构件的完整性	固定方式相对比较脆弱
灰泥固定	强度可以根据需要控制	除了黏土外，大部分情况下不能被再利用
粘合剂固定	可粘合多种材料	粘合剂不易循环再用，许多材料在粘合后不能再分开
铆钉固定	施工快速	拆除时常常会将所处的关键部位破坏

6.5　分缝与收缝

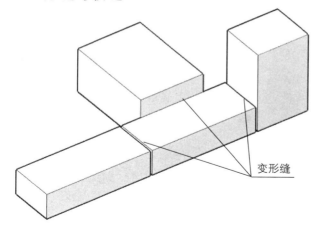

（a）变形缝

在环境多重效应下，大体量或形体复杂的建筑会产生难以预知破坏应力。

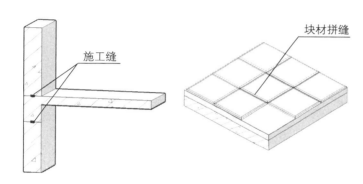

（b）施工缝

施工缝是后浇筑混凝土与先浇筑混凝土之间的结合面，并不是一种真实存在的"缝"。

（c）误差调节

构件间留有缝隙可与调节产品尺寸误差和施工误差。

图 6-14　建筑中的分缝

（a）形式上的收缝

（b）技术上的收缝

图 6-15　建筑中的收缝

有分缝就有与之相反的收缝。形式上收缝可作装饰性的收边处理。如天花板上的收编线脚，门框贴脸等。技术性收缝则需要满足隔音、隔热、防水、防火、气密或防虫、防霉功能，如窗与墙接缝、幕墙间填缝等。

理想的围护空间应是一个完整的空间，构件之间联系紧密，但实际工程中，不同材料或不同尺寸的构件间会产生缝隙。另外，基于安全、施工等因素，构造上也会人为采取分缝措施，如变形缝、施工缝等。

由于温度变化，地基不均匀沉降或风、地震作用等，大体量或形体复杂的建筑会产生破坏性应力。变形缝将建筑化整为零，利用缝隙吸收或阻断应力传导，适应不同部位运动的差异，避免构件破坏失效。

施工缝是混凝土浇筑过程中，因设计或施工需要，在先、后浇筑的混凝土之间形成的施工接缝。

材料生产和施工中不可避免会出现尺寸误差。施工中，通过调整材料间的缝隙可以减少误差影响。缝隙宽度控制在一定容许范围内（图 6-14）。

建筑分缝部位是建筑薄弱部位，也是保证房屋整体质量的关键部位，有些缝隙影响美观，或成为水、声音、热量、昆虫、毒气等的通道，因此需收缝处理，保证整体功能的延续性（图 6-15）。

6.6 材料收缝

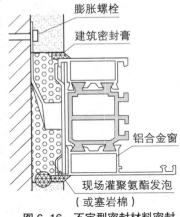

膨胀螺栓
建筑密封膏
铝合金窗
现场灌聚氨酯发泡
（或塞岩棉）

图 6-16　不定型密封材料密封

外墙板系统

压缩垫片　　密封垫片　　压缩密封条

玻璃幕墙系统

覆盖式密封　　　凹陷式密封

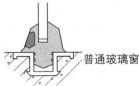

普通玻璃窗

U 形垫片　拉链式 H 形垫片　拉链式 U 形垫片

图 6-17　定形密封材料

用材料收缝须采用性能可靠的密封材料，应具有高水密性和气密性，良好的粘结性，良好的耐高低温性和耐老化性能，一定的弹塑性和拉伸—压缩循环性能。

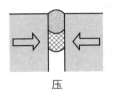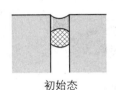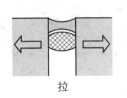

压　　　　　　初始态　　　　　　拉

图 6-18　密封剂的位移

为了保证接缝处不透水气，接缝密封剂必须具备耐久性、弹性、粘结性和一定连接强度。

建筑收缝材料用量很小，但对建筑功能发挥重要的作用，收缝或密封材料的技术进步对现代建筑的发展具有重要作用，正确选择材料和构造可避免昂贵的补救工作。

密封材料包括不定型密封材料和定型密封材料。常用的不定型密封材料有建筑用硅酮结构密封胶、硅酮建筑密封胶、丙烯酸酯建筑密封膏、聚硫建筑密封膏、聚氨酯建筑密封膏等（图 6-17）。硅酮结构密封胶适用于玻璃幕墙、金属板幕墙的结构性粘结装配，具有耐紫外线、耐臭氧、耐候性的特点，并且粘结力强，使用寿命长，有一定的弹性，可有效抵抗风荷载、地震荷载、振动荷载和气候变化的影响。硅酮建筑密封胶（也称耐候胶）具有粘结能力强、耐久性好、使用温度范围宽等特点，适用于镶装玻璃和建筑物变形缝、门窗框、厕浴间的嵌缝密封处理。丙烯酸酯建筑密封膏属水乳型密封材料，固化过程中无有机溶剂挥发，符合环保要求，适用于小型混凝土构件板缝、石膏板接缝以及门窗框接缝的密封。定型密封材料包括密封条带和止水带，如铝合金门窗橡胶密封条、自粘性橡胶、橡胶止水带、塑料止水带等。按密封机理的不同，定型密封材料可分为遇水非膨胀型和遇水膨胀型两类（图 6-18）。

6.7　构造收缝

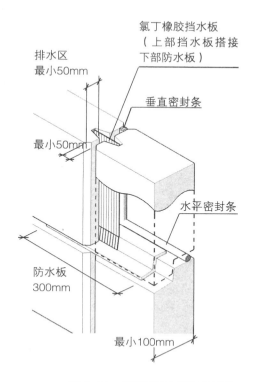

图 6-19　钢筋混凝土预制外墙板

上板下口局部伸出或设计成凹口，再与下板上口凸出的挡水台结合，形成企口缝和高低缝，并通过板缝口填塞防水密封材料，使该水平缝自然形成一道防水空腔，按照压力平衡原理，它可起到切断毛细量水的通路和减弱风压的作用，并利用水的重力达到排除雨水的防水效果。

图 6-21　挡板

挡板固定在不锈钢条上易于更新。

为了适应交接处较大的变形，常采取构造方式阻断水气等通路，达到收缝目的。金属弹性卡盖缝、塑料弹性物盖缝或嵌缝用于构造防水中的水平缝和垂直缝空腔，其防水原理是"导"和"堵"结合的方式，以此提高板材接缝构造技术的质量，并且施工简便（图 6-20、图 6-21）。

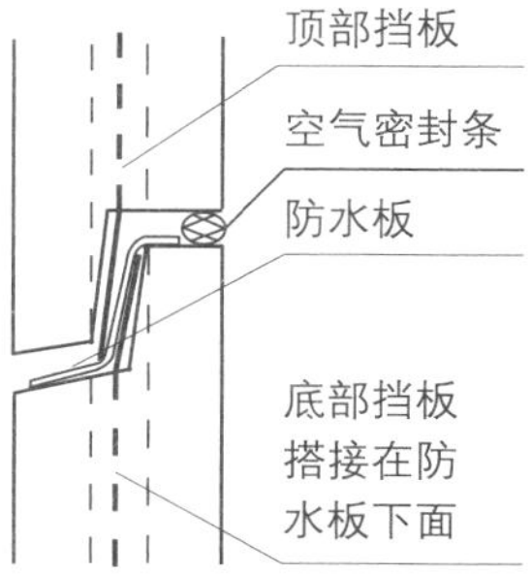

图 6-20　接缝处理

墙板缝隙应满足外墙板制造和安装误差，适应自身和支撑结构在荷载和温度作用下的移动，适应地震变形，防止风雨进入室内和尽量减少维护的要求。

6.8 通风雨幕

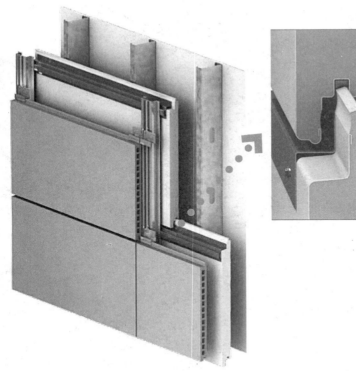

图 6-22 陶板幕墙

密封胶（气流）

阻隔和曲折
密封（动能）

滴水槽
（表面张力）

宽缝
（毛细作用）

适合的坡度
（重力）

图 6-23 接缝处理

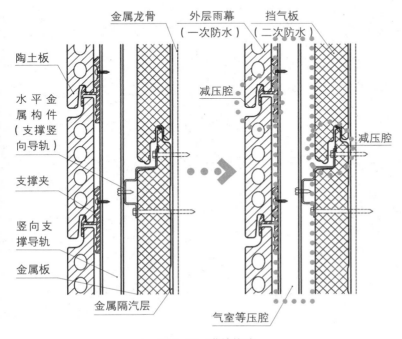

图 6-24 幕墙构造

通风雨幕技术是外围护构造收缝防雨的一种设计理论，相对于传统封闭防水幕墙而言是一种开放式的幕墙形式，面板之间采用开放式接缝，阻挡雨水的同时提供有效的空气流通，带走面板内部的潮湿水汽。理论上，雨水渗透到墙体有三个必要条件：雨水的存在、缝隙的存在和促使雨水向室内渗透的动力。其中雨水和缝隙的存在无法避免，即使使用硅胶将接缝封闭，也会因硅胶的质量、施工质量等原因在室外恶劣的环境中无法避免地存在缝隙。雨幕原理就是通过消除第三条必要条件，消除缝隙两侧的压力差来避免雨水向室内渗透。板块接缝的开口采用挡水设计，阻挡雨水进入的同时保证了陶板内外表面压力的平衡。陶板背部的通风腔能够有效地带走内部潮湿的空气，保护背后的支撑和保温系统（图 6-22～图 6-24）。

6.9　收缝的艺术

图 6-25　收缝的艺术

西班牙建筑师坎波·巴埃萨（Alberto Campo Baeza）在萨莫拉设计的一座办公建筑，外墙由通体干净清澈的玻璃幕墙构成，每块玻璃之间用硅胶连接，除了玻璃几乎看不到任何固定构件。

图 6-26　同种材料转折处的收缝

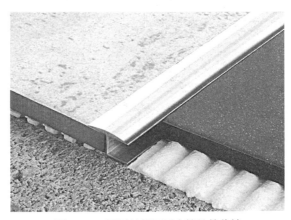

图 6-27　不同材料面层交接处的收缝

现代建筑工艺技术一方面表现在对材料和构件的"加工"，另一方面表现在材料和构件的"连接"。技艺和细节上的追求反映在细部收缝处的精益求精。

6.10 变形缝原理

图 6-28　建筑的变形

在当建筑物长度超过一定限度时，建筑平面变化较多或结构类型变化较大时，或者是建筑物的建造场地的地基土质比较复杂、各部分土质软硬不匀、承载能力差别比较大时，或者建筑物各部分的结构类型不同，质量和刚度明显不同，建筑物会因热胀冷缩、建筑物沉降和地震作用等原因，造成变形、墙体开裂甚至破坏。

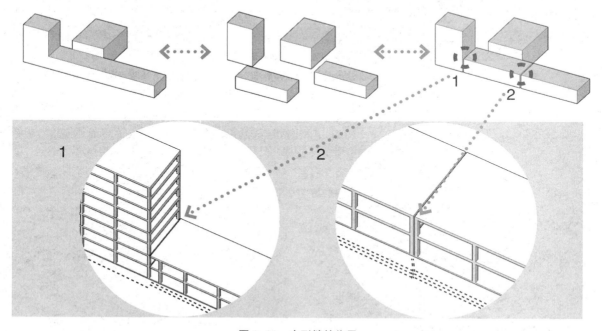

图 6-29　变形缝的作用

为了防止建筑变形破坏，通常采取化整为零的方法，把复杂的问题简单化。建筑通过设置变形缝，把结构划分为若干个独立、简单、规则、均一的单元，达到简化结构设计的目的。随着结构单元尺寸变小，结构体系变得规则，地基变形相对均匀，但从使用的角度（如空间连续性，建筑保温、防水、隔声功能）仍是一个整体，构造措施满足保温、防水、防火等的连续性，并且使变形缝两侧单元水平或竖向位移不受限制。

6.11　变形缝分类

变形缝设置简表　　　　　　　　　　　　　　　　　　表 6-3

变形缝类别	对应变形原因	设置依据	断开部位	缝　　宽
伸缩缝	昼夜温差引起热胀冷缩	按建筑物的长度、结构类型与屋盖刚度	除基础外沿全高断开	20~30mm
沉降缝	各部位沉降不均匀	地基情况和建筑物的高度	从基础到屋顶沿全高断开	一般地基 　建筑物高 < 5m　　缝宽 30mm 　建筑物高 5~10m　缝宽 50mm 软弱地基 　建筑物 2~3 层　　缝宽 50~80mm 　建筑物 4~5 层　　缝宽 80~120mm 　建筑物 > 6 层　　缝宽 > 120mm 沉陷性黄土　　　　缝宽 ≥ 30~70mm
防震缝	地震波由震源向四周扩展，引起环状的波动，使建筑物产生上下、左右、前后多方向的振动。对建筑物防震来说，一般只考虑水平方向地震波的影响	设防烈度、结构类型和建筑物高度。8 度、9 度设防且房屋立面高差相差在 6m 以上，或错层楼板高度相差 1/3 层高或者 1m，毗邻部分各段刚度、质量、结构形式均不同时	沿建筑物全高设缝，基础可不分开，也可分开	多层砌体建筑　　　　　　缝宽 50~100mm 框架结构房屋，高度不超过 15m 时不应小于100mm；超过 15m 时，6 度、7 度、8 度和 9 度分别每增加高度 5m、4m、3m 和 2m，宜加宽20mm；框架—剪力墙结构房屋不应小于框架结构数值的 70%，剪力墙结构房屋不应小于框架结构数值的 50%，且二者均不宜小于 100mm。防震缝两侧结构体系不同时，防震缝宽度应按不利的结构类型确定；防震缝两侧的房屋高度不同时，防震缝宽度可按较低的房屋高度确定

注：建筑变形缝按照功能分为伸缩缝、沉降缝、防震缝，三种缝产生的原因不同，应对的方法各异。工程实践中，常常尽可能把三种缝合成一种构造做法，缝的宽度、断开部位和协调变形能力同时满足三者要求。

砌体房屋伸缩缝的最大间距　　　表 6-4

屋盖或楼盖类别		间距
整体式或装配整体式钢筋混凝土结构	有保温层或隔热层的屋盖、楼盖	50m
	无保温层或隔热层的屋盖	40m
装配式无檩体系钢筋混凝土结构	有保温层或隔热层的屋盖、楼盖	60m
	无保温层或隔热层的屋盖	50m
装配式有檩体系钢筋混凝土结构	有保温层或隔热层的屋盖	75m
	无保温层或隔热层的屋盖	60m

注：对烧结普通砖、烧结多孔砖、配筋砌块砌体房屋，取表中数值；对石砌体、蒸压灰砂普通砖、蒸压粉煤灰普通砖、混凝土砌块、混凝土普通砖和混凝土多孔砖房屋，取表中数值乘以 0.8 的系数，当墙体有可靠外保温措施时，其间距可取表中数值；在钢筋混凝土屋面上挂瓦的屋盖应按钢筋混凝土屋盖采用；层高大于 5m 的烧结普通砖、烧结多孔砖、配筋砌块砌体结构单层房屋，其伸缩缝间距可按表中数值乘以1.3；温差较大且变化频繁地区和严寒地区不采暖的房屋及构筑物墙体的伸缩缝的最大间距，应按表中数值予以适当减小。

钢筋混凝土结构伸缩缝最大间距　表 6-5

结构类别		室内或土中	露天
排架结构	装配式	100m	70m
框架结构	装配式	75m	50m
	现浇式	55m	35m
剪力墙结构	装配式	65m	40m
	现浇式	45m	30m
挡土墙、地下室墙壁等类结构	装配式	40m	30m
	现浇式	30m	20m

注：装配整体式结构房屋的伸缩缝间距宜按表中现浇式的数据取用；框架—剪力墙结构或框架—核心筒结构房屋的伸缩缝间距，可根据结构的具体布置情况取表中框架结构与剪力墙结构之间的数值；当屋面无保温或隔热措施时，框架结构、剪力墙结构的伸缩缝间距宜按表中露天栏的数值取用；现浇挑槽、雨罩等外露结构的伸缩缝间距不宜大于 12m。

6.12 基础变形缝

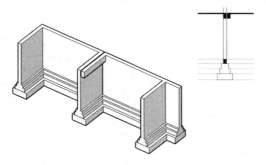
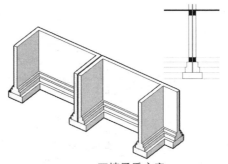

承重墙结构单墙方案
缝隙一边为墙体，另一边为构造柱和圈梁。

双墙承重方案
缝隙两边均为墙体。

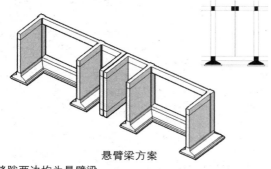
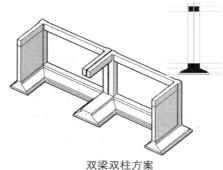

悬臂梁方案
缝隙两边均为悬臂梁。

双梁双柱方案
缝隙两边均为框架柱和梁。

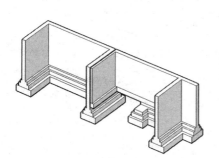
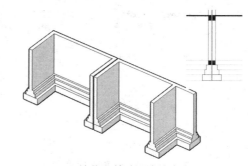

挑梁基础沉降缝方案
缝隙一侧基础，另一侧挑梁。

双墙偏心基础沉降缝方案
缝隙两侧均为基础。

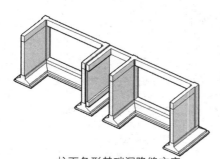

柱下条形基础沉降缝方案
缝隙一侧基础，另一侧挑梁。

挑梁基础沉降缝方案
缝隙两侧均挑梁。

图 6-30 基础变形缝

砌体结构基础伸缩缝

框架结构基础伸缩缝

砌体结构基础沉降缝

框架结构基础沉降缝

6.13　变形缝构造

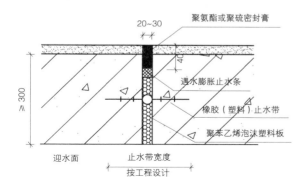

（a）地下室墙体变形缝

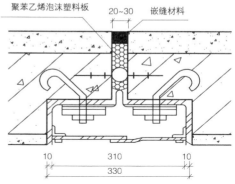

（b）地下室顶板（立墙）可拆卸式变形缝

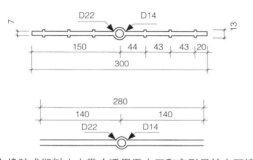

（c）橡胶或塑料止水带（适用于水压和变形量较大环境）

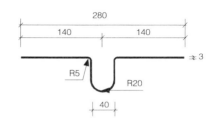

（d）金属止水带（适用于高温环境）

图 6-31　变形缝构造——地下部分

橡胶（或塑料）止水带必须埋设准确，其中间空心圆环应与变形缝中心线重合；止水带的空心圆环直径应与变形缝的宽度相同。

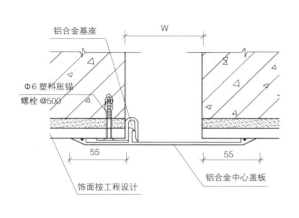

（a）内墙、顶棚变形缝

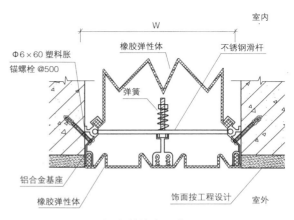

（b）外墙变形缝

图 6-32　变形缝构造——地上部分

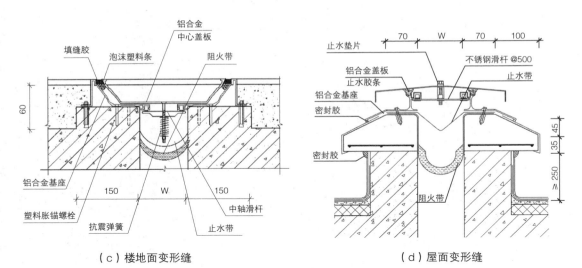

（c）楼地面变形缝

（d）屋面变形缝

图6-32 变形缝构造—地上部分（续）

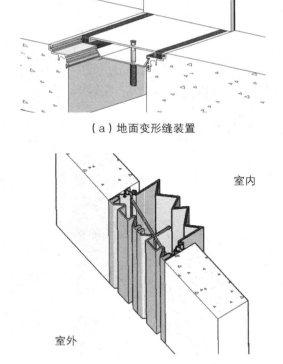

（a）地面变形缝装置

（b）墙体抗震型变形缝装置

图6-33 变形缝装置

变形缝和建筑其他配件采用工业化产品是一种发展趋势。根据变形缝类型，变形缝装置需要随时应对预期的建筑变形，同时延续建筑围护功能。变形缝配置止水带和阻火带可以满足防水、防火等要求。对于严寒及寒冷地区有保温绝热要求的外墙和屋面变形缝，可根据热工需要在阻火带内增设绝热材料。对防止噪声要求较高的楼地面，则可选用带有橡胶防噪垫条的产品。变形缝应考虑实用性和装饰性，为保持室内设计的整齐美观，在同一项工程中，应尽量选用同一型号或宽度和材质相同的产品（图6-31~图6-33）。

墙体和屋面的抗震型变形缝装置是以橡胶弹性体为主的专用装置。楼地面的抗震型变形缝装置由铝合金基座、中心盖板、滑杆及抗震弹簧、橡胶条组成。当地震发生时，带有抗震弹簧装置的滑杆受力后变形，可使中心盖板沿基座的边框上升，以保护变形缝两侧建筑结构不受损坏。当受力消除后，中心盖板会自动恢复原始状态。它可以承受多方向的变位，具有接缝平整、装饰效果好等特点。抗震型变形缝适用缝宽为50~450mm。

6.14　后浇带

图 6-34　后浇带施工

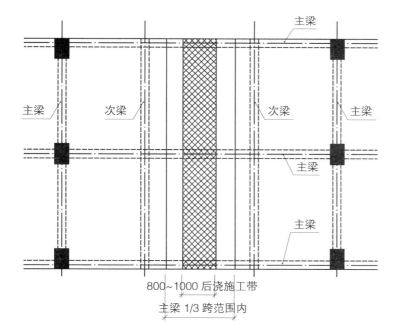

800~1000 后浇施工带

主梁 1/3 跨范围内

图 6-35　后浇带位置示意图

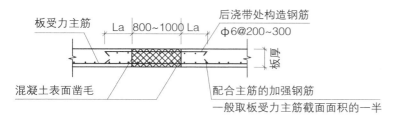

图 6-36　板后浇带构造示意图

变形缝对建筑使用和立面处理不利,增加了构造的复杂程度。一般情况下宜采取调整结构平面形状与尺寸、加强构造措施、设置后浇带等方法不设变形缝、少设变形缝。如果一定要设置变形缝,则必须保证足够的变形缝宽度。

后浇带是一种施工方法,对建筑使用无影响。后浇带间隔距离 30~40m,在结构或构件受力较小处且便于施工的位置,一般在框架梁和楼板的 1/3 跨中处,可以是直线形式,也可以是折线形式、曲线形式。后浇带浇注前两侧结构在水平方向可以自由伸缩、在垂直方向可以自由沉降;浇注后,后浇带两侧主体结构协同工作(图 6-34~ 图 6-36)。

第7章

标准化与多样性——建筑工业化

随着工具、工艺、材料科技的进步，建筑业向制造业方向发展，强调机械化、工厂化、自动化、标准化，这是生产力发展的必然结果。

建筑日趋个性化和多样化，借助于制造业生产模式，构造部件可实现多规格、小批量部件的高效率生产，传统建筑生产模式正在发生着变化。

7.1 建筑工业化

图 7-1 建筑业的工业化

建筑业的工业化是社会生产力发展的必然产物。它与传统的建造方式根本区别在于把社会生产力从手工业的小生产方式向社会化的大生产方式转化。它是采用现代大工业生产来建造建筑物，运用现代技术、先进生产方式推动建筑业发展。

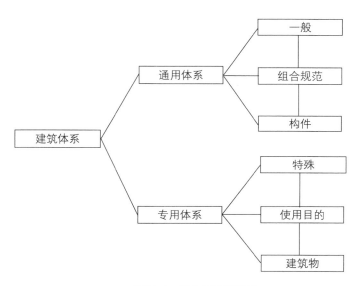

图 7-2 工业化建筑体系

工业化建筑体系一般分专用体系和通用体系两种。专用体系采用定型化设计，而通用体系各类建筑所需的构配件和节点构造可互换通用。专用体系最终产品是所建成的建筑物；通用体系最终产品则是建筑构件。

建筑工业化是指通过现代化的制造、运输、安装和科学管理的大工业的生产方式，来代替传统建筑业中分散的、低水平的、低效率的手工业生产方式。在工业化建筑中，将房屋由传统的现场"建造"模式改为工厂"制造"，工地已不再重要，重要的是工厂，是加工产品构件的流水线，以此取代传统建筑业中分散的，低水平、低效率的手工业生产方式。

柯布西耶在《走向新建筑》一书中曾说"工业像一条流向它的目的地的大河那样波浪滔天，它给我们带来了适合于这个被新精神激励着的新时代的新工具。看看远洋轮船、飞机和汽车，那么，建筑为什么不能变成居住的机器。"柯布西耶号召建筑师向先进的制造工业学习。**历史发展已证明由工厂"制造"取代现场"建造"是建筑业的大趋势。**现代制造业吸收机械、信息、材料及管理方面的成果，逐步实现高效、低耗的敏捷制造，特别是计算机和通信技术的高速发展，拓展了制造业的广度和深度，产生了一批新的制造理念和制造技术。由于制造业思想的引进，定制生产和数字技术的影响，建筑工业化在逐步发生质的变化，建筑不仅是居住的机器，而且可以成为"人性化"和"定制化"的居住机器。

7.2 建筑模数

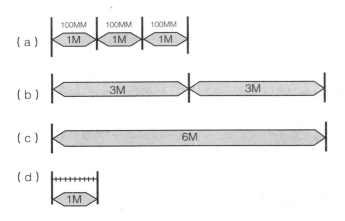

图 7-3 模数

（a）基本模数
基本模数单元是单元的尺寸，是尺寸协调系统中的一个起始点，我国通用基本模数（M）是 100mm。
（b）导出模数
导出模数分为扩大模数和分模数。扩大模数是基本的模数倍数，一般为整数倍，如 3M、6M、12M；分模数的基数为 1/10M、1/5M、1/2M。
（c）建筑模数
建筑模数是扩大模数的倍数，并且确定了承重结构的协调尺寸。
（d）模数数列
指由基本模数、扩大模数、分模数为基础扩展成的一系列尺寸。

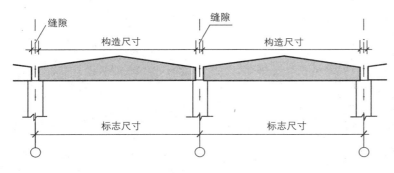

图 7-4 建筑模数协调中的尺寸概念

（a）标志尺寸
符合模数数列的规定，用以标注建筑物定位轴面、定位面或定位轴线、定位线之间的垂直距离（如开间或柱距、进深或跨度、层高等）以及建筑构配件、建筑组合件、建筑制品、有关设备界限之间的尺寸。
（b）构造尺寸
建筑构配件、建筑组合件、建筑制品等的设计尺寸。一般情况下，标志尺寸减去缝隙为构造尺寸。
（c）实际尺寸
建筑构配件、建筑组合件、建筑制品等生产制作后的实有尺寸。实际尺寸与构造尺寸之间的差数应符合建筑公差的规定。

建筑模数是指选定的尺寸单位，作为尺度协调中的增值单位，也是建筑设计、建筑施工、建筑材料与制品、建筑设备进行尺度协调的基础，其目的是使构配件安装吻合，并有互换性。古代西方砖石结构和中国砖木结构建筑以模数为基础，近代模数更是工业化的基础，许多国家以法规形式公布和推行这种制度。

建筑水平基本模数的数列主要适用于门窗洞口和构配件断面尺寸；竖向基本模数的数列主要适用于建筑物的层高、门窗洞口、构配件等尺寸；水平扩大模数数列主要适用于建筑物的开间或柱距、进深或跨度、构配件尺寸和门窗洞口尺寸；竖向扩大模数数列的幅度不受限制，主要适用于建筑物的高度、层高、门窗洞口尺寸；分模数数列主要适用于缝隙、构造节点、构配件断面尺寸（图 7-3、图 7-4）。

没有标准化就不可能实现真正的工业化，而没有系统的尺寸协调，就不可能实现标准化。推动模数协调的目的就是要使之成为建筑进一步工业化的工具。

7.3 模块化

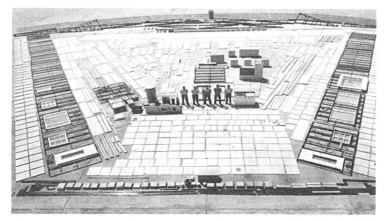

图7-5 美国 Lustron House 装配构件

建筑可以看作一个大模块，由具有独立功能的一些子模块构成，这些子模块通常是建筑构件等基本元素的集合体。不同部位的构造可以根据内部结构和功能需要，由相应的模块集合而成。模块化技术是实现建筑标准化与多样化有机结合，多品种、小批量高效统一的标准化方法。生产企业通过采用模块，增大互换性，进行大规模生产，减少技术失误重复出现，降低成本（图7-5、图7-6）。

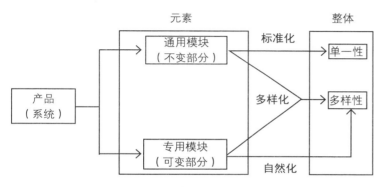

图7-6 模块组合带来的变化

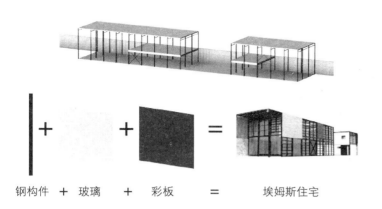

钢构件 + 玻璃 + 彩板 = 埃姆斯住宅

1949年查尔斯·埃姆斯夫妇在自己的住宅和工作室设计上探讨工厂预制技术用于住宅建设上。"二战"期间美国航空工业发展迅速，埃姆斯夫妇借鉴航空工业经验，试图用制造业的方法建造房屋，希望建筑师以后的主要工作类似工业设计，通过"选择"和"组合"构件来设计建筑（图7-7）。

图7-7 埃姆斯住宅
埃姆斯住宅主体框架构件用螺栓连接，5个工人用16小时完成了主体框架的安装，屋顶和楼层在3天内完成。梁和柱等构件从工业建筑产品的目录中挑选出来，围护材料有钢窗、复合板、有着不同透明度的玻璃窗等，屋顶使用了压型钢板。

7.4 装配化

图7-8 全装配住宅

加拿大"蒙特利尔-67"钢筋混凝土全装配住宅，通过预应力连接形成一个积木式的连续结构，并通过高强度螺栓固定在巨型横梁上。

图7-9 装配与现浇相结合住宅

万科上海"新里程"住宅小区采用钢筋混凝土现浇与装配结合的施工方法。除了结构柱、梁之外，楼板、外墙、楼梯、阳台等部采用预制混凝土构件，工厂预制、现场拼装。

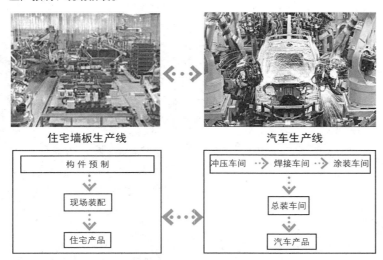

住宅墙板生产线　　　　　　汽车生产线

图7-10 像生产汽车一样生产房子

生产线大大提高了生产效率，降低了建造成本。发达国家的住宅已作为一个完整的工业化商品推出，住宅模块在工厂完成后运输到现场组装。

装配式建筑是工厂加工生产的各类预制构件，运至施工现场装配成建筑。建筑主体的大部件被分解为尺寸精确、模数化和标准化的预制构配件，部件的加工、运输、安装相对轻便灵活，能够减少现场湿作业，缩短施工周期和提高工效，使整体质量水平提高。

装配式建筑有框架、板材、盒子等多种形式，有全装配或装配现浇相结合的两种不同施工方式（图7-8、图7-9）。

装配技术反映了建筑工业化的水平，但在建筑实践中，多采用以提高综合效益为目的的适宜技术或中间技术。比如，我国装配与现浇相结合的方式有较多实践，这种结构不是全部采用装配技术，而是剪力墙或框架现场浇筑，楼板和小构件采用预制或预制现浇相结合的方法，与全装配技术相比，其经济性和结构整体性较好，简化了大型构件的运输工作。

7.5 数字化

图 7-11 机器人焊接机加工香港汇丰银行窗户的竖框

图 7-12 机器人根据算法规则砌出自由曲面墙体

图 7-13 通过 3D 打印机自由制造复杂几何形体

从建筑设计和使用的角度来看，希望预制构件的规格和尺寸类型多一些，以适应功能和造型的灵活多变；从预制构件生产和安装的角度来看，则又希望构件的规格和类型尽可能少一些，以降低成本造价。二者矛盾实质是建筑的标准化与多样化，这也是工业化过程必须妥善处理的问题。

建筑工业化的目的不是让人去适应建造技术，而是让技术如何更好地为人服务。近年来，数字技术的发展使建筑构件由"大量制造"发展到"大量定制"，通过数控技术可直接由数据生产非标准的构件，提供了多样化的建筑模块，批量生产不同的产品成为可能（图 7-11~图 7-13）。

数字技术是建造观念和手段的革命，先进建造技术将会为建筑业注入新的活力，带来了产业的飞跃，将从根本上解决生产标准化、系列化与功能多样化、审美多元化之间的矛盾。

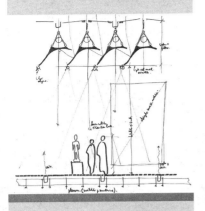

第8章

构造生成

　　构造的形态表现往往取决于对相关技术和工艺的选择，不同技术和工艺的选择导致了构造形态的差异。同一个构造，既可以选择层层分解的方式获得关系复杂、精细的构造节点，也可以采取极端简化的处理方式；既可以以近乎原始的方式进行构件的连接，也可以通过高技的方式在构件之间进行高精度的处理。构造处理的不同态度造就了手法、风格上的差异，从而形成了富含魅力的构造表现形式。

　　合格的建筑师应掌握一般建筑构造的原理与方法，能正确选用材料，合理解决其构造与连接问题，并且了解建筑新技术、新材料的构造节点及其对工艺技术精度的要求。

　　原理隐藏在表象中，只有通过剖析才能得知。

8.1 感知构造

层　　　　　　　　　　复合

图 8-1 复合的概念

楼地面作为围护功能的组成部分，需要考虑防水、节能等多种要求，通常没有一种完美的材料同时完成这些任务，需要不同材料复合共同工作，这是楼地面构造共同特点。

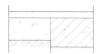 

面层
垫层
地基

地面　楼面

地面的基本构造层通常为地基，垫层和面层；楼面的基本构造层为楼板和面层。地基基土应均匀密实，含水量控制在规范许可范围。在软弱土地基地区用碎石、卵石等夯入土中加固。垫层民用建筑一般采用不小于 60 厚 C15 混凝土。

结合层	块材面层的结合层，一般采用 1:3 干硬性水泥砂浆，面砖面层采用干铺法可以避免铺装过程中造成的气泡、空鼓现象。如有更高要求，也可采用聚合物水泥砂浆。	
防水层	防水层材料为涂刷型防水层或防水卷材。防水层在墙、柱处翻起高度大于 250mm。	
找坡层	当有需要排除水或其他液体时的楼地面应设坡向地漏或地沟的坡度。地面可用基土找坡，坡度为 1%~2%。楼面找坡层用细石混凝土找坡，最薄处（如地漏四周）厚 30mm，厚度小于 30mm 者可用 1:3 水砂浆找坡。	功能层基本特点
填充层	楼面的填充层主要作为敷设管线用，也兼有隔声保温之用，材料常用 1:6 水泥焦碴或轻骨料混凝土，也可用水泥珍珠岩或细石混凝土。	
保温层	当建筑物周边无采暖通风管沟时，严寒地区底层地面，在外墙内侧按节能标准规定的范围内宜采取保温措施，其热阻值不应小于外墙的热阻值。	
防冻胀层	季节性冰冻地区的地面，在冻深范围内应设置防冻胀层，材料一般为中粗砂、砂卵石，炉渣或炉渣：素土：石灰 =7:2:1 的炉渣灰土层。防冻胀层需注意排水。	

图 8-2 楼地面的功能层

8.1.1 分析实例

设计是把设想通过实物传达出来的活动，构造设计的选材和连接方法均有明确目的、原因或原理。在学习过程中，理解和掌握这些基本原理，有助于举一反三，遇到特殊问题时能够拿出解决方案。下面以泳池地暖面层构造层次为例，说明功能材料的组合原理。

楼地面种类繁多，从设计角度，每一种材料都相应承担特定功能（图 8-1、图 8-2）。泳池地暖楼地面与普通楼地面的区别是前者有热管埋设及防水问题，需相应增加构造功能层次，普通楼地面只需满足基本构造。

埋设散热热管的填充层基本功能是保护热管，并使地面温度均匀（为了防止填充层热胀冷缩而破坏，填充层需设置伸缩缝）。如何阻挡热量向室外散失是设计需要考虑的重要问题。为了减少无效热耗，在填充层下方设真空镀铝膜和聚苯乙烯泡沫板两重绝热措施。真空镀铝膜阻止辐射热损失，聚苯乙烯泡沫板则隔阻传导热量。

防水层在填充层上方，防止水对填充层和保温层的侵蚀，二者有固定的顺序关系。其他构造层次相对灵活，如找坡层可以和填充层合二为一，也可以用保温层放坡。在季节性冰冻地区，则需用防冻胀地基，这样地基和防冻胀层整合为同一层（图 8-3）。

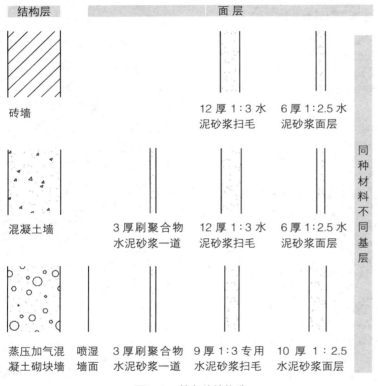

1. 彩色釉面砖 8~10 厚，干水泥擦缝 ··· 面层
2. 1:3 干硬性水泥砂浆结合层 20 厚 ··· 结合层
3. 聚氨酯涂料防水层 1.5 厚（两道）··· 防水层
4. 细石混凝土 60 厚（上下配 Φ3@50 钢丝网片，中间配乙烯散热管）··· 填充层
5. 真空镀铝聚酯薄膜 0.2 厚 ··· 保护层
6. 聚苯乙烯泡沫板 20 厚 ··· 绝热层
7. 1:3 水泥砂浆找平层 20 厚 ··· 找平层
8. C15 混凝土垫层 60 厚 ｜ 8. 轻集料混凝土 60 厚 ··· 垫层
9. 碎石夯入土中 150 厚 ｜ 9. 现浇钢筋混凝土楼板 ··· 地基

地面　楼面

图 8-3　泳池地暖楼地面构造

材料连接根据材料特点和用途，有不同的处理方法。以下以不同基层、不同位置的相同装饰面层为例，说明功能材料的连接原理。

结构层	面层		同种材料不同基层
砖墙		12 厚 1:3 水泥砂浆扫毛 / 6 厚 1:2.5 水泥砂浆面层	
混凝土墙	3 厚刷聚合物水泥砂浆一道	12 厚 1:3 水泥砂浆扫毛 / 6 厚 1:2.5 水泥砂浆面层	
蒸压加气混凝土砌块墙　喷湿墙面	3 厚刷聚合物水泥砂浆一道	9 厚 1:3 专用水泥砂浆扫毛 / 10 厚 1:2.5 水泥砂浆面层	

图 8-4　抹灰外墙构造

图 8-4"抹灰外墙构造"是一般抹灰外墙的三种不同构造层次。三种不同构造层次材料间的连接既有共性又有所区别。共性是面层材料相同，均分层施工。抹灰如一次抹得太厚，内外收水快慢不同，面层容易出现干裂、起鼓和脱落。区别是蒸压加气混凝土砌块吸水率大于混凝土墙和砖墙，前者增加喷湿墙面工序，蒸压加气混凝土砌块和混凝土墙表面相对砖墙光滑，所以在蒸压加气混凝土砌块和混凝土墙表面上增加一道粘结力强的聚合物水泥浆。

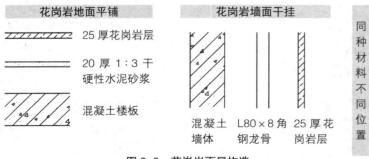

花岗岩地面平铺	花岗岩墙面干挂	同种材料不同位置
25 厚花岗岩层		
20 厚 1:3 干硬性水泥砂浆		
混凝土楼板	混凝土墙体　L80×8 角钢龙骨　25 厚花岗岩层	

图 8-5　花岗岩面层构造

图 8-5"花岗岩面层构造"是花岗岩面层的外墙和地面构造。花岗岩板在外墙和地面受力情况不同，虽然使用金属龙骨干挂做法造价要比水泥砂浆铺贴要高很多，但是基于安全因素，花岗岩面层与墙体的连接往往采用干挂而不是铺贴的方法。

8.1.2　提出问题

构造细部设计技能是在必要的基础知识积累下形成的。在学校学习阶段我们很少参与建筑实践，主要通过书籍杂志等认识构造，在这种情况下，主动地分析、理解构造详图是获得扎实基础知识必不可少的途径。面对各种构造资料，我们可以尝试提出一些"好"的问题（图 8-6~ 图 8-8）。提出和回答问题的过程就像在内心竖立一面镜子，具有了对资料信息衡量、评价的思维。不断提出问题，不断擦拭这面镜子，对提升能力一定会有帮助。

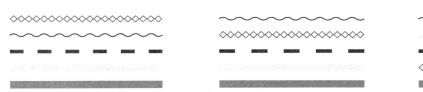

图 8-6　特定顺序

问题 1：各因素是否存在特定的顺序关系

以墙体为例，多数情况墙体结构构件需要较好的保护，防水层通常在结构构件外侧，由外向内的顺序是装饰层、防水层、保温层。这是因为保温层通常是多孔材料，材料如受潮，将会大大影响保温效果，而防水层大多又不那么美观，因此外侧需覆盖装饰。由此可知，构造常存在一些相对固定的顺序。

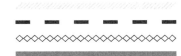

图 8-7　互换替代

问题 2：各因素有哪些互换替代的解决方案

每种因素都有多种解决方案，如保温材料可选择硅酸盐保温材料、胶粉聚苯颗粒、挤塑板 XPS、硬泡聚氨酯、保温砂浆等等，而结构材料可选择木、砖、石、钢筋混凝土、钢材等等，这取决于建筑的多种制约因素，通常结构制约因素相对较多，而装饰制约因素相对较少，多样化处理方法形成了丰富的建筑表达方法。

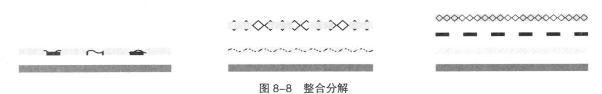

图 8-8　整合分解

问题 3：哪些因素可以整合或分解

通常，我们希望材料的种类尽可能少，在古代常常是一种材料，如黏土砖或石材承担多种功能，如墙体承重、保温、防水等，但有些因素对一种材料来说可能是矛盾的，如保温材料通常多孔，但这容易吸潮，对防水因素不利，因此多数保温材料需考虑如何与防水材料结合。另外有些材料本身具有双重作用，如一些涂料既可以用于装饰又可以充当隔汽层。如果我们利用装饰效果，忽略了隔汽作用，涂料涂刷在墙体的内表面，在某些气候条件下就会带来负面作用。随着建筑材料种类的增多，构造上越来越倾向材料承担功能清晰，不同材料各司其职。

8.2 设计构造

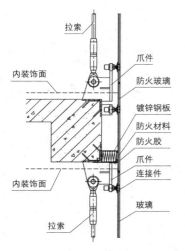

幕墙技术的应用是现代建筑工业的重要成果，幕墙技术普及的一个重要原因是其较好地解决绝热、防水、防火等基本技术功能，而且具有丰富的艺术表现力。

图 8-9 玻璃幕墙节点的逻辑性

以技术为前提的节点——Rubner Holzbau 公司模块化的农业建筑

以美学为前提的节点——弗兰克·盖里设计的"体验音乐"博物馆

图 8-10 两种不同的构造节点类型

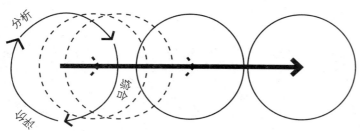

图 8-11 构造设计的过程

建筑构造的合理性在于符合功能的逻辑性。通常功能包含技术功能、美学功能两个方面。技术功能是建筑实体的基本功能，构造节点需符合力的传递规律，保证结构安全与正常工作，满足防渗、绝热、隔声等要求。美学功能则是在完成技术功能的基础上满足人的审美需要。根据对功能处理的侧重点不同，构造设计有以技术为前提、以美学为前提以及介于二者之间的三种不同类型（图 8-9）。

以技术为前提的节点设计，往往主要是结构工程师和厂家进行技术层面设计或试验，再由建筑师提出建议。以美学为前提的设计，通常建筑师提出节点基本构思，结构工程师和专业厂家技术人员通过计算或试验验证其可行性（图 8-10）。

多数构造设计是二者的综合或交叉，建筑师从大概念入手，在结构工程师和专业厂家配合下，随着设计深度的增加，对材料关系作出安排，寻找各种因素的平衡，贯彻自己对连接节点的理解。这些过程总体上以线性步骤推进，但常常周而复始，分析、综合、评价、顿悟重复进行，直至问题解决（图 8-11）。

图 8-12　内外透过淡光的穿孔金属板承重墙

日本滨田修建筑研究所在富山市设计了一栋二层木结构店铺。结构需要沿街面为承重墙，建筑师希望在满足结构安全的情况下，白天沿街墙面采光良好，夜间具有灯罩般的效果。

最初的方案是在上下层墙壁中，柱子均等设置长斜撑，整面墙全部开放，木结构斜撑厚 15mm，宽 90mm。建筑师希望斜撑能够再细一些，但结构工程师认为木结构细斜撑不满足受力安全要求。于是设计方案尝试钢筋斜撑，但钢筋视觉效果并不理想。反复摸索中，建筑师把饰面与结构材料统一考虑，用同等断面的穿孔金属板代替钢筋斜撑，得到了相同安全强度。穿孔金属板使用密孔和疏孔二种，非承重的疏孔金属板孔径比密孔大，承重密孔金属板为避免受压弯曲，中档使用扁钢连接在柱子上。承重穿孔金属板与非承重金属板间隔布置，受力清晰，立面也富有变化，达到了预想的设计效果。

（a）最早的木斜撑方案

（b）木斜撑变细的调整方案

（c）钢筋斜撑代替方案

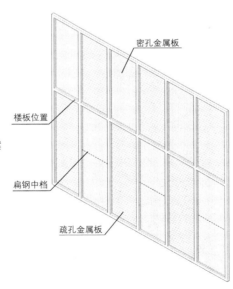

密孔金属板

楼板位置

扁钢中档

疏孔金属板

（d）最终的穿孔金属板方案

图 8-13　技术与美学要素的互动

8.3 示例说明

下面以一座夏热冬冷地区单层住宅外墙和坡屋面构造设计为例，说明构造设计的一般模式。

假定有日光、防水、保温、装饰、结构五个因素决定外墙构造。

第一步：确定外墙视觉效果和基本材料（图 8-14）。构造设计是建筑设计的深化和继续，其形态应符合整体设计思路和环境的限定。

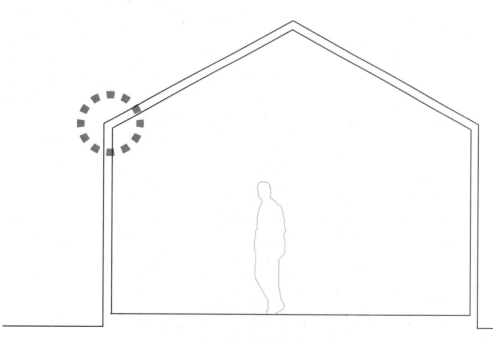

图 8-14　设计的起点——基本条件

此单层住宅外墙和坡屋面需考虑以下基本条件：砖混结构，钢筋混凝土绿化坡屋面；铝合金金属网饰面墙体；岩棉板和保温砂浆绝热材料；合成高分子防水卷材和防水透气膜防水材料；有组织排水。

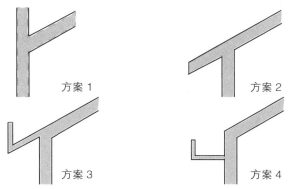

（a）结构构件形状和尺寸

保证结构构件的合理安全是构造设计的优先选项，结构因素对构造生成非常重要。根据墙面屋面相对关系，檐口有方案 1 和方案 2 两种基本方式。方案 1 中，水落管需穿女儿墙或屋面（内排水）并且锐角对雨水收集不利，此做法不再进一步考虑。方案 2 挑檐为无组织排水，进一步调整为檐沟方案 3 和方案 4。为了防止雨水溢出屋面，方案 3 端部泛水上翻较高，与立面简洁风格不符，且汇水处为锐角易积水，因此在方案 4 基础上优化。

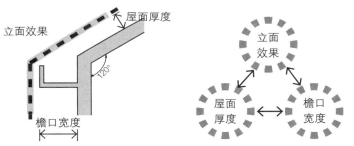

（b）初步确定构造层次

种植坡屋面由植被层、种植土、过滤层、排水层、耐根穿刺防水层、绝热层、结构基层组成。坡屋面选用的轻型种植屋面，种植土厚度 50~150mm。屋面岩棉板绝热层厚度由节能计算确定，一般为 60mm 左右。在屋面厚度首先确定的条件下，为了保证外观简洁，屋顶墙面过渡流畅，通过分析剖面，采用几何方法，可大致确定檐沟尺寸位置。墙面由金属网、镀锌钢管龙骨、防水层、绝热层、结构基层组成。协调镀锌钢管龙骨与墙面间距，可以调节天沟合理尺寸。

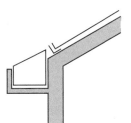

（c）分析特殊节点

种植土屋面和金属网墙面工程局部需特殊处理。种植土屋面植物根系可能会深入檐沟，在端部设置卵石隔离带能够缓解这种作用，并能适时剪除窜入的植株根系，保护泛水部位免受根系的穿刺性的作用。为防止种植土下滑，根据坡度大小，每隔 1500mm 设兼有过滤功能的防滑挡板；为保护防水层，种植土下部满铺耐根穿刺防水垫层材料。金属网主要是装饰立面作用，其内侧绝热层上需覆盖防水层。

图 8-15　构造生成步骤

第二步：确定结构体系和主要构件。

和结构工程师一起确定主要结构构件尺寸；设备如果对构造有影响，则需和设备工程师协商。

第三步：确定主要围护功能，明确问题重点。基本功能在不同部位会有所侧重。

第四步：探讨特殊部位构造可行方法。有时材料厂商新产品手册会对设计有很大帮助。

第五步：检查建筑材料选择是否正确，材料排列顺序是否合理，分析主要功能的连续性，加强薄弱环节。

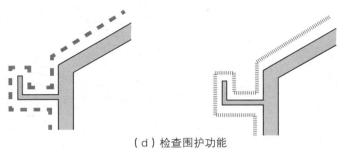

（d）检查围护功能

绝热和防水是外围护的基本功能，需要形成连续整的界面。檐沟、水落管及构件转折处是防水的薄弱环节，这些部位需要增加附加层。构造中的同一种功能可以用不同材料来完成，可以根据市场情况、施工水平等进行选择和替换。

第六步：分析各连接节点的位置尺寸及同主要部分的关系，检查连接固定的方法是否可靠有效。

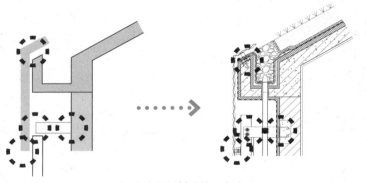

（e）分析材料连接固定方法

承担结构荷载的构件需要和厂商和结构工程师协商确定；构件要考虑施工便捷和安装公差；确定相邻不同材料不发生有害的化学反应。

第七步：确定方案。

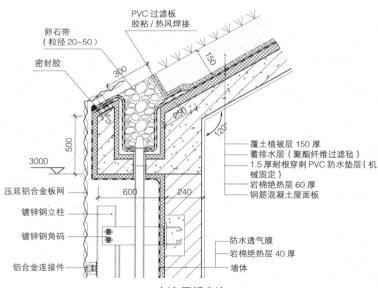

（f）图纸表达

施工图文件要检查图示投影关系是否清晰，尺寸、文字说明是否完整，建筑材料的图例是否正确。

图8-15　构造生成步骤（续）

8.4　构造详图

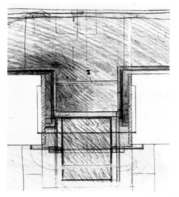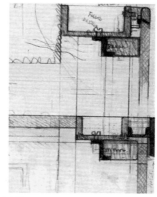

图 8-16　构造草图

一些建筑师习惯用实体比例的样品推敲细部构造，也有建筑师习惯于运用草图来表达，意大利建筑师卡洛·斯卡帕常常通过绘制大量细部草图完成方案设计。为了与工匠们交流，甚至直接把草图绘制在墙上。

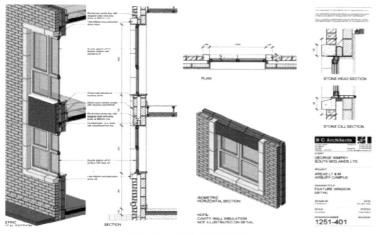

图 8-17　构造施工图文件

BIM 软件制图是施工图制图的发展方向，和传统绘制二维 CAD 文件不同，其图纸由模型生成，由于可方便在构造施工图文件插入三维模型，图纸表达一目了然。

图 8-18　制图标准

《建筑制图标准》GB/T 50104—2010 主要技术内容包括：图线、比例、图例、图样画法等。《房屋建筑制图统一标准》GB 50001—2010 内容包括图纸幅面规格与图纸编排顺序、图线、字体、比例、符号、定位轴线、常用建筑材料图例、图样画法、尺寸标注、计算机制图文件、计算机制图文件图层、计算机制图规则等。

建筑构造图常常称做大样图或详图。构造图有记录建筑师思考创作过程草图和与施工人员技术交底的施工图详图。

构造设计前期的草图一般是模糊和不确定的，主要探讨实现的可行性。由于建筑师的思维方法、设计习惯、表达手法的不同，构造草图与其他方案草图一样丰富多彩，充满个性（图 8-16）。作为施工技术文件的详图通常包括建筑墙体剖面详图、楼梯详图、门窗等建筑和装修详图等等。这些图纸作用就像语言，是表达、交流的工具，制图需完整、准确、清晰，能够满足施工预算、施工准备的要求，能够作为整个施工过程的依据（图 8-17）。

构造作图时应仔细选择表达部位，留意不同材料的连接点。在完整表达不同建造要求的情况下避免重复，大比例图纸已完整表达的部位不需要再次绘制。

构造图纸应表达材料的种类、尺寸和连接方法，符合国家有关制图标准。目前，建筑类制图标准主要有《建筑制图标准》GB/T 50104—2010 和《房屋建筑制图统一标准》GB 50001—2010（图 8-18）。

8.5 绘制比例

图 8-19 图纸顺序

阅读图纸的顺序就像一组俄罗斯套娃，比例由大到小逐渐细化，表达的内容也由总体过渡到细部。

图 名	比 例
常用建筑比例	表 8-1
建筑物或构筑物的平面图、立面图、剖面图	1:50、1:100、1:150、1:200、1:300
建筑物或构筑物的局部放大图	1:10、1:20、1:25、1:30、1:50
配件及构造详图	1:1、1:2、1:5、1:10、1:15、1:20、1:25、1:30、1:50

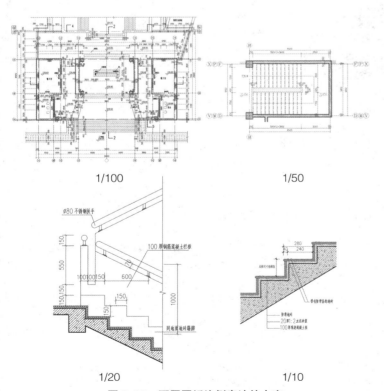

1/100   1/50

1/20   1/10

图 8-20 不同图纸比例表达的内容

绘 制 比 例（ 表 8-1、 图 8-20）

1/100：建筑施工图纸常用比例，主要描述建筑结构和围护结构定位、形状以及构造详图在建筑图上的位置。

1/50：通常大于 1/50 比例的图纸称为构造详图或大样图，是最小比例的详图，一般表达结构与围护的关系。

1/20：可以精确表达材料之间的关系，小于 50mm 厚度的材料可通过文字表述，拉丁字母、阿拉伯数字与罗马数字的字高，不应小于 2.5mm。

1/10：精确表达结构体、基层、装饰层厚度，图幅较大，一般装饰详图使用此比例较多。

1/2：几乎与实际形状相同，用于非常精致的细部或机械制图。

绘制顺序

1. 根据所要表达构造的精确程度确定比例；

2. 通过绘制轴线或索引等方法与小比例图纸建立基准对位关系；

3. 通过图例和数字描述材料类型、形状及连接方法；

4. 通过文字和表格表述材料名称、尺寸、施工工艺等；

5. 必要时，可进一步索引出更大比例详图；形状复杂的构配件可通过三维模型表达。

8.6 制图要求

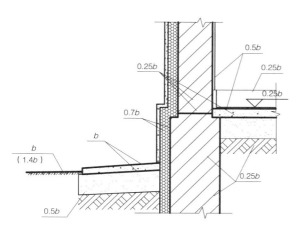

（a）墙身剖面图图线宽度选用示例

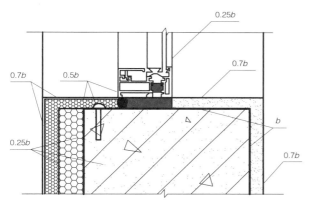

（b）详图图线宽度选用示例

图 8-21 构造图线条宽度

构造图应正确使用线条。无论平面详图或剖面线，主要可见轮廓线要用粗线条，立面线条和位于远处的部分用细线表示，便于对实际形状的理解。线条不要与文字、数字或符号重叠、混淆，不可避免时，首先保证文字的清晰。建筑构配件详图中的外轮廓线宽度为 b（0.8mm）；建筑构造详图及建筑构配件详图中的一般轮廓线为 $0.7b$（0.6mm）；粉刷线、引出线、尺寸线、高差分界线等为 $0.5b$（0.4mm）；图例填充线、可见线等为 $0.25b$（0.2mm）。

制图线型与线宽规定　　　　表 8-2

名称		线型	线宽	用途
实线	粗	▬▬▬	b	1. 平、剖面图中被剖切的主要建筑构造（包括配件）的轮廓线 2. 建筑立面图或室内立面图的外轮廓线 3. 建筑构造详图中被剖切的主要部分的轮廓线 4. 建筑构配件详图中的外轮廓线 5. 平、立、剖面的剖切符号
	中粗	▬▬▬	$0.7b$	1. 平、剖面图中被剖切的次要建筑构造（包括配件）的轮廓线 2. 建筑平、立、剖面中建筑构配件的轮廓线 3. 建筑构造详图及建筑构配件详图中的一般轮廓线
	中	———	$0.5b$	小于 $0.7b$ 的图形线、尺寸线、尺寸界线、索引符号、标高符号、详图材料做法引出线、粉刷线、保温层线、地面、墙面的高差分界线等
	细	———	$0.25b$	图例填充线、家具线、纹样线等
虚线	中粗	- - -	$0.7b$	1. 建筑构造详图及建筑构配件不可见的轮廓线 2. 平面图中的起重机（吊车）轮廓线 3. 拟建、扩建建筑物轮廓线
	中	- - -	$0.5b$	投影线、小于 $0.5b$ 的不可见轮廓线
	细	- - -	$0.25b$	图例填充线、家具线等
单点长画线		▬·▬	b	起重机（吊车）轨道线
		─·─	$0.25b$	中心线、对称线、定位轴线
折断线		─〜─	$0.25b$	部分省略表示时的断开界线
波浪线		〜〜	$0.25b$	部分省略表示时的断开界线曲线形构件断开界线构造层次的断开界线

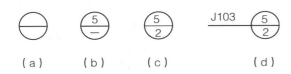

（e）与被索引图样同在
一张图纸内的详图符号

（f）与被索引图样不在同
一张图纸内的详图符号

索引符号与详图符号

图样中的某一局部或构件，如需另见详图，应以索引符号索引（图a）。索引符号是由直径为8~10mm的圆和水平直径组成，圆及水平直径应以细实线绘制。索引符号应按下列规定编写：

1. 索引出的详图，如与被索引的详图同在一张图纸内，应在索引符号的上半圆中用阿拉伯数字注明该详图的编号，并在下半圆中间画一段水平细实线（图b）。
2. 索引出的详图，如与被索引的详图不在同一张图纸内，应在索引符号的上半圆中用阿拉伯数字注明该详图的编号，在索引符号的下半圆用阿拉伯数字注明该详图所在图纸的编号（图c）。数字较多时，可加文字标注。
3. 索引出的详图，如采用标准图，应在索引符号水平直径的延长线上加注该标准图册的编号（图d）。需要标注比例时，文字在索引符号右侧或延长线下方，与符号下对齐。

详图符号

详图的位置和编号应以详图符号表示。详图符号的圆应以直径为14mm粗实线绘制。详图与被索引的图样同在一张图纸内时，应在详图符号内用阿拉伯数字注明详图的编号（图e）。详图与被索引的图样不在同一张图纸内时，应用细实线在详图符号内画一水平直径，在上半圆中注明详图编号，在下半圆中注明被索引的图纸的编号（图f）。

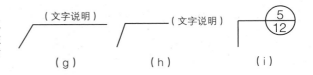

引出线

引出线应以细实线绘制，宜采用水平方向的直线、与水平方向成30°、45°、60°、90°的直线，或经上述角度再折为水平线。文字说明宜注写在水平线的上方（图g），也可注写在水平线的端部（图h）。索引详图的引出线，应与水平直径线相连接（图i）。

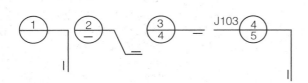

用于索引剖面详图的索引符号

索引符号如用于索引剖视详图，应在被剖切的部位绘制剖切位置线，并以引出线引出索引符号，引出线所在的一侧应为剖视方向。

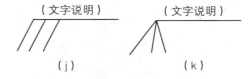

共同引出线

同时引出的几个相同部分的引出线，宜互相平行（图j），也可画成集中于一点的放射线（图k）。

图8-22　构造图的索引

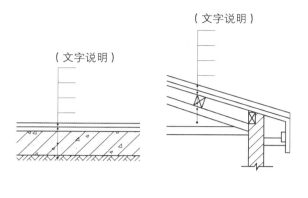

相邻涂黑图例的画法
两个相邻的涂黑图例间应留有空隙。其净宽度不得小于 0.5mm。

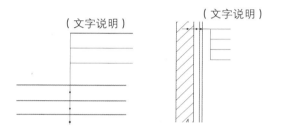

多层共用引出线
多层构造或多层管道共用引出线，应通过被引出的各层，并用圆点示意对应各层次。文字说明宜注写在水平线的上方，或注写在水平线的端部，说明的顺序应由上至下，并应与被说明的层次对应一致；如层次为横向排序，则由上至下的说明顺序应与由左至右的层次对应一致。

局部表示图例
需画出的建筑材料图例面积过大时，可在断面轮廓线内，沿轮廓线作局部表示。当选用本标准中未包括的建筑材料时，可自编图例，但不得与标准所列的图例重复。绘制时应在适当位置画出该材料图例，并加以说明。一张图纸内的图样只用一种图例时或图纸较小无法画出建筑材料图例时可不加图例，但应加文字说明。

 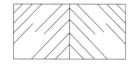

相同图例相接时的画法
图例线应间隔均匀，疏密适度，做到图例正确，表示清楚；不同品种的同类材料使用同一图例时（如某些特定部位的石膏板必须注明是防水石膏板时），应在图上附加必要的说明；两个相同的图例相接时，图例线宜错开或使倾斜方向相反。

图 8-23　构造图图例与说明

常用建筑材料图例 表 8-3

序号	名称	图例	备注
1	自然土壤		包括各种自然土壤
2	夯实土壤		
3	砂、灰土		靠近轮廓线绘较密的点
4	砂砾石、碎砖三合土		
5	石材		
6	毛石		
7	普通砖		包括实心砖、多孔砖、砌块等砌体。断面较窄不易绘出图例线时，可涂红
8	耐火砖		包括耐酸砖等砌体
9	空心砖		指非承重砖砌体
10	饰面砖		包括铺地砖、马赛克、陶瓷锦砖、人造大理石等
11	焦渣、矿渣		包括与水泥、石灰等混合而成的材料
12	混凝土		（1）本图例指能承重的混凝土及钢筋混凝土 （2）包括各种强度等级、骨料、添加剂的混凝土 （3）在剖面图上画出钢筋时，不画图例线 （4）断面图形小，不易画出图例线时，可涂黑
13	钢筋混凝土		
14	多孔材料		包括水泥珍珠岩、沥青珍珠岩、泡沫混凝土、非承重加气混凝土、软木、蛭石制品等
15	纤维材料		包括矿棉、岩棉、玻璃棉、麻丝、木丝板、纤维板等
16	泡沫塑料材料		包括聚苯乙烯、聚乙烯、聚氨酯等多孔聚合物类材料
17	木材		（1）上图为横断面 （2）下图为纵断面
18	胶合板		应注明为 × 层胶合板
19	石膏板		包括圆孔、方孔石膏板、防水石膏板等
20	金属		（1）包括各种金属 （2）图形小时，可涂黑
21	网状材料		（1）包括金属、塑料网状材料 （2）应注明具体材料名称
22	玻璃		包括平板玻璃、磨砂玻璃、夹丝玻璃、钢化玻璃、中空玻璃、加层玻璃、镀膜玻璃等

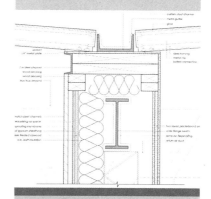

第**9**章

构造学习

房屋有不同的功能和自身的等级秩序，不可能每一幢建筑都是地标。当建造与构造结合，细腻地表达了我们的时代时，它就完成了任务。

9.1 向名师学习

图 9-1 十和田市艺术馆屋面

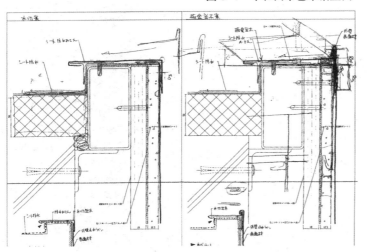

图 9-2 屋面墙体交接处初步处理

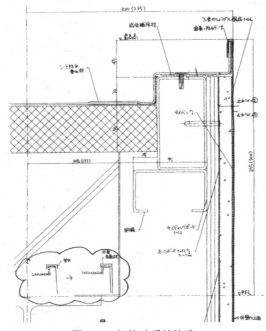

图 9-3 经修改后的构造

构造设计是建筑设计的深入和继续。从构造图纸中，我们也可发现许多建筑名师对细节的重视和精品意识。建筑师西泽立卫在十和田市艺术馆项目上，将形体打散为大小不一的方块，单体突出简洁，纯粹。为了体现这一点，建筑师采用1：1的模型，对屋面墙体连接处构造进行推敲和改进。基于排水需要，建筑外墙要稍高于屋面。原方案是用金属板包外墙上凸部位的防水层，但这会破坏方盒子的完整，而且水容易从金属板缝隙渗透进去。改进后的措施是把外壁竖起，将金属板塞入外壁材料内，外观虽有所改善，但仍可能存在渗水问题（图9-2）。经过进一步推敲，实施方案把屋顶防水材料竖起，墙体金属装饰材料包裹住防水材料，屋面上形成完整连续的防水层。竖起的金属板就像微小的女儿墙，一方面解决了不同材料的交接，另一方面也保证了立面效果的完整（图9-3）。普利兹克建筑奖曾评价妹岛和世和西泽立卫作品"风格纤细而有力，确定而柔韧，巧妙但不过分"，在他们对构造的处理上也反映了这种风格。

9.2 向精品学习

图 9-4 Youl Hwa Dang 出版社门厅外墙

在快速建造和复制的时代，许多建筑细部构造粗糙，材料缺乏个性和表现力，但也有很多建筑师在实践中，不囿于经费的限制，创作出了细部精品。

1）韩国 Youl Hwa Dang 出版社

英国建筑师 Florian Beigel 设计的韩国 Youl Hwa Dang 出版社外墙构造简单，却不失精致，半透明复合墙体较好地解决了透光防水问题，并且具有隔热功能（图 9-4、图 9-5）。

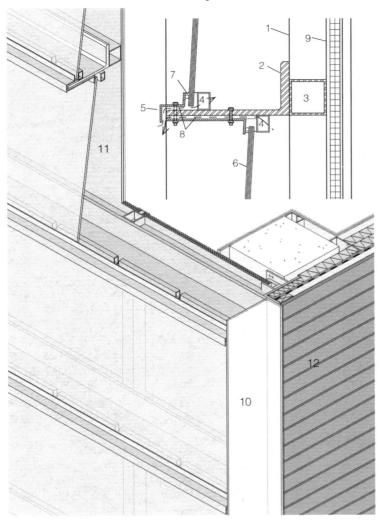

1—竖向龙骨
100×100×6×8 工字形结构钢
2—角钢
200×90×9×14 不等肢角钢
3—水平龙骨
60×60×3.2 空心方钢管
4—窗条
30×20×1.5 方形钢管焊接角钢，留 20 毫米的缝隙通风。
5—玻璃压条
20×37×20×3 聚酯粉末涂层铝材用螺栓连接到角钢
6—玻璃
8 厚波纹图案钢化玻璃
7—密封胶
8—垫片
6 厚 300 长橡胶垫片，留 20 缝隙通风。
9—内层
16 厚聚碳酸酯板，通过铝框固定在钢龙骨上。
10—角部钢结构
200×90×9×14 角钢支架，通过 140×6 钢夹板用螺栓固定在混凝土柱上。
11—外部半透明墙
12—外墙——运用雨屏原理
80×24 深色杉木板固定到木龙骨上；60×36 防腐针叶木木条；建筑纸透气膜；12 胶合板；150×50 E 形镀锌钢龙骨；100 硬质铝箔保温隔热板；两层 12.5 石膏板。

图 9-5 Youl Hwa Dang 出版社门厅墙体构造

倾斜的玻璃由橡胶垫片固定，垫片间留有空隙，空气可以穿过垫片在玻璃间层流通，带走热量。墙体内侧的聚碳酸酯中空板（又称阳光板、玻璃卡普隆板）因其特殊的中空结构，具有良好的保温隔热性能，可以节约因温控所需的开支。

图 9-6　维鲁拉米恩火炕遗址展示馆

2）英国维鲁拉米恩火炕遗址展示馆

建筑是一座城市公园内的小型古罗马建筑遗址展示馆，馆内陈列着保存完好的精美马赛克地板，精致的细部处理让建筑同时与历史和环境展开对话（图 9-6、图 9-7）。

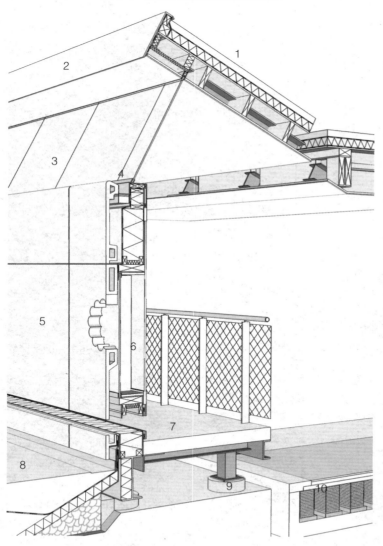

图 9-7　维鲁拉米恩火炕遗址局部构造剖面

幕墙面层采用古罗马建筑用常用的牡蛎壳骨料；灵感来源于马赛克地板图案的外窗暗示着内部陈列品特点；通过室内屋顶倾斜镜子，人们可以在外部和内部看到室内外；种植屋顶与周围公园环境融为一体。

1—屋顶
80mm 土壤；排水层；80mm 挤塑聚苯乙烯保温板；沥青防水膜；18mm 胶合板屋顶；200×50mm 软木屋顶搁栅；钢框架结构；2 层石膏板吊顶；有机玻璃镜子粘贴。
2—檐口
铝材覆抛光不锈钢。
3—高窗
1200mm 宽玻璃顶部通过钢框固定在木搁栅上，底部铝框固定在木结构上。
4—墙顶
铝质防水板接排水沟。
5—外墙
玻璃纤维增强混凝土雨屏覆面板（面层采用牡蛎壳骨料，部分切出玫瑰花形）与角钢固定（角钢螺栓连接木框架），面板留 75mm 通风缝隙；呼吸防水膜；18mm 定向刨花板固定在 200mm 纤维板结构梁上；200mm 绝热材料；12mm 胶合板；25mm 软木板条；12mm 桦木多层胶合板。
6—窗口
玫瑰花形面板；外部双层玻璃窗；内部无框单层玻璃窗，玻璃从透明到内部不透明变化；桦木多层胶合板。
7—走道
预制混凝土板用螺栓固定在钢结构上；钢栏杆立柱穿过预制板与钢结构固定；60mm 直径不锈钢扶手。
8—外墙/地面交界处
130×4mm 不锈钢踢脚板；镀锌钢板排水沟；土工织物排水膜；50mm 聚苯乙烯保温板；燧石石笼挡墙；压实的土体。
9—地基
直径 450mm 混凝土桩帽；注浆微型桩。
10—地板
原罗马马赛克地板火炕遗址。

9.3　向身边的建筑学习

图 9-8　西藏林芝尼洋河谷游客接待站

构造学习过程中，一方面要关注国内外处于专业前沿的建筑师及其作品，另一方面关注体验身边最具现实意义的建造活动，这种活动真实地反映了建筑材料、建造技术和建筑法规的现状，如果把两方面结合，即使受到经济技术条件的限制，仍然可能产生很好的作品。

1）西藏林芝尼洋河谷游客接待站

西藏林芝尼洋河谷游客接待站设计使用并发展了西藏传统建造技术。建筑基础以上由毛石墙体承重，屋面采用木结构简支梁和檩条，跨度较大的木梁用木材拼合。屋面卷材防水上覆盖阿嘎土。阿嘎土是西藏地方防水材料，疏松的黏土加水反复拍打后板结，形成可靠的屋面防水层和保温层。檐口内侧利用阿嘎土的塑性拍打出檐沟，并用槽钢加工的雨水口形成有组织的排水（图 9-8、图 9-9）。

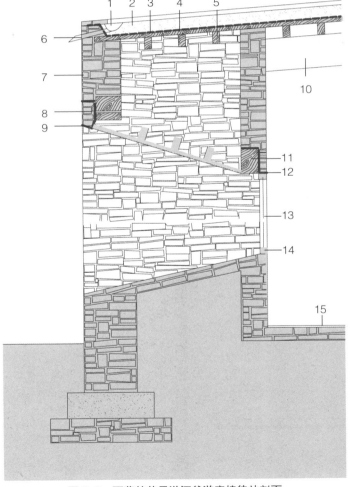

图 9-9　西藏林芝尼洋河谷游客接待站剖面

工程采用西藏民居传统材料和建造方法，低价和有效的建造策略实现了地方特质与现代特质的融合。

1—檐沟（阿嘎土拍打而成）
2—150 厚阿嘎土作为防水层保温层和下部防水层的保护层
3—6 厚 SBS 卷材防水
4—50 厚木板（当地高松木）
5—150×80 木椽
6—槽钢雨水口
7—600 厚毛石承重墙
8—外窗洞木过梁
9—8mm 钢板滴水，用螺栓和木过梁连接，承托木梁外毛石饰
10—400×200 屋面木结构梁
11—300×200 内窗洞木过梁
12—100×100 角钢，承托过梁外侧毛石饰面
13—8 厚安全玻璃
14—木质窗框
15—20 厚水泥地面

图 9-10　昆山有机农场采摘亭

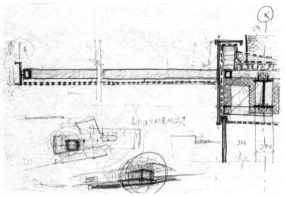

图 9-11　构造设计手稿

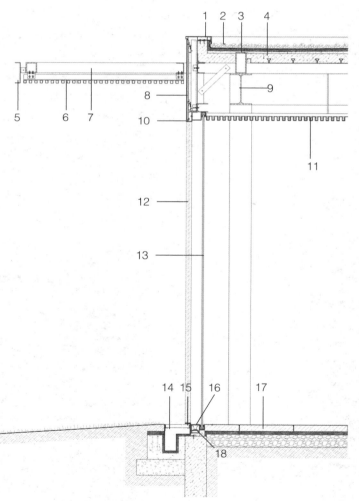

图 9-12　昆山有机农场采摘亭局部构造剖面

2）昆山有机农场采摘亭

昆山有机农场采摘亭建筑设计重视构造细部的表达，建筑师对外露构件尺寸和连接方式提出了严格的要求。构造上尽量不用搭边、压条、法兰、胶缝的做法，使得材料面和面的相接真实、干脆、精致，整体呈现出轻盈、纤细和通透的特征（图 9-10~图 9-12）。

1—2 厚铝合金盖板
2—卵石铺面
3—结构钢梁
4—压型钢板混凝土复合屋面
5—50×200 C 型钢装饰件
6—25×30@50 铝合金格栅
7—结构钢梁
8—竹木板
9—工字钢梁
10—竹木格栅上沿固定件
11—25×40@50 竹木格栅吊顶
12—25×50@107.5 竹木格栅
13—15 厚钢化玻璃
14—拉丝不锈钢格栅截水沟盖板
15—竹木格栅支撑件
16—拉丝不锈钢格栅盖板
17—80 厚水磨石板
18—LED 灯带

9.4　在实践中学习

（a）毛石基础

（b）砌块墙体

（c）木制屋架

（d）黏土瓦屋面

图 9-13　农宅建造过程

农宅与城市大型公共建筑建造主要是专业化、工业化程度不同，农宅包含着建造基本要素，如材料选择、适用技术等等。

农村自建房建造之前会做个计划，做一个简单的设计，备好材料、工具并安排妥时间，碰到解决不了的问题，还要请教有经验的人。这种朴素建造活动涉及选址、选材、施工等建造过程中最基本的问题。如果留心，都有接触简单房屋建造的机会，观察或参与它们的建造过程，体验结构选型、材料选用、施工方法、构配件工艺及技术经济的复杂相互关系。作为初学者，我们可以从默默无闻的匠师那里对材料、技术和工种有一个整体的认识，了解到建筑终究是一门实践科学（图 9-13）。

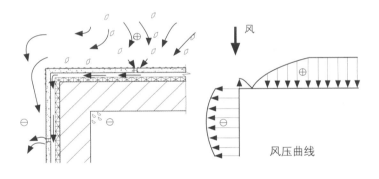

风

风压曲线

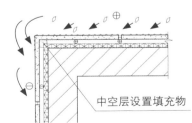

中空层设置填充物

图 9-14　知识运用与检验

苯板外墙外保温构造常用锚栓将保温板与预埋件连接。实践中，当苯板覆盖外墙后，工人经常无法看到预埋件位置，部分锚栓与墙体无法连接。这样楼角处空气间层正负风压叠加，在强风作用下保温层易整体掀起，雨水也易渗入空气间层。采用等压防水原理，构造上在转角中空层处设置填充物，可使内外压力相等并将正负风压空腔分隔，较好地解决了角部风雨对墙体的破坏。

建筑师实践中会遇到各种问题，运用基本原理和知识检验、改进设计，积累工程技术经验是走向成熟的基本过程（图 9-14）。

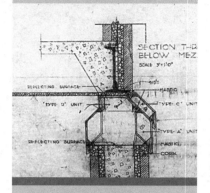

第 10 章

构造创作

　　建筑师工作的艺术性使其比较容易注重"个人价值"，事实上，建筑设计是建筑行业的一个环节，好作品的实现不可能靠个人独立完成，构造设计更是如此，与其他专业的团队协作是必不可少的环节。

　　技术创新对建筑创作具有积极意义，许多优秀的建筑师与其他学科专家合作，探索出新的构造形式，发展了新理念、新产品和新系统。

10.1　设计团队

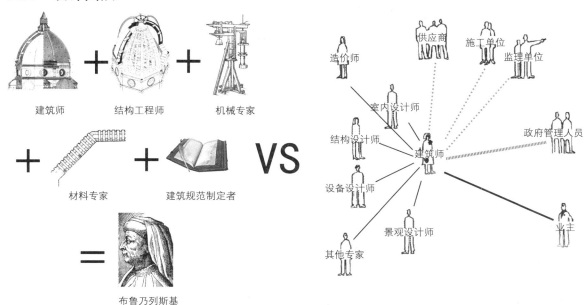

图 10-1　文艺复兴时期的总建造师
圣母百花大教堂建造中,伯鲁乃列斯基不仅是建筑师,而且是结构工程师、施工机械发明家、材料专家、施工规范制定者等等。

图 10-2　现在的建筑师
建筑师参与项目策划、建筑设计、施工、交付的全过程,但社会分工细化,建筑师和各参与主体分工协作。

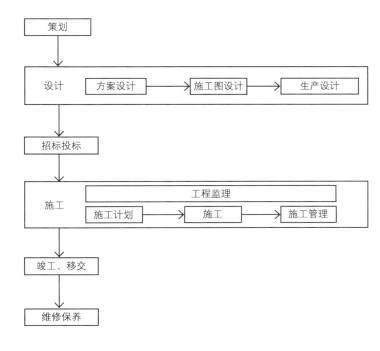

图 10-3　建筑的生产过程
按国际通行规则,建筑师可以作为业主的代理,对建筑生产全过程进行控制,保证业主和公共利益。

西方古代建筑师同时承担了设计者和施工组织者的角色。随着工业革命和现代科学的诞生,建造过程的生产步骤一再细分。今天的建筑师作为设计团队观念与意见的协调者,作用仍在继续,但已不再承担文艺复兴时期布鲁乃列斯基似的通才角色,而是与结构工程师、设备工程师、施工人员、政府管理人员、业主等一起协同工作。建筑师除了要具备一定的建筑专业知识外,广泛的一般知识也是关键因素(图 10-1~图 10-3)。

现代建筑功能复杂,审美标准日趋多元,如何在冲突中权衡得失,提出解决方案,考验着建筑师的职业素养。

10.2 团队协作

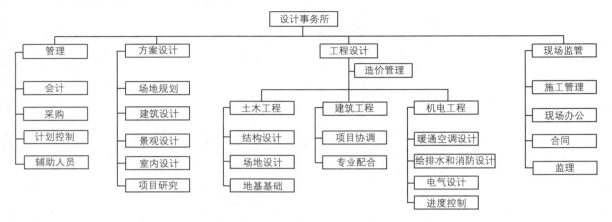

图 10-4 典型的西方建筑设计事务所架构

建筑师应重视建筑细部、节点的推敲，强调技术设计，而不是简单的复制。而这些创新现在越来越需要通过团队合作来实现，现代建筑设计事务所的架构在组织形式上提供了这方面的保障。

（a）鸟瞰

1- 合成防水膜
2- 钢桁架
3- 钢盖板
4-60 毫米厚绝热材料
5- 幕墙灯管
6- 洒水喷头
7- 支持面板
8- 有机玻璃面板

（b）表皮构造

图 10-5 奥地利格拉茨现代美术馆

技术层面的深层变化对建筑设计方式产生了直接影响。非欧几何的形状无法通过传统的平立剖面进行设计表达，屏幕"表皮"也对构造提出新要求。建筑师的专业知识无法掌控全部，需要和其他专业团队通力合作。

建筑设计过程是一种信息互动和知识重构的过程。社会分工的细化使设计过程需要综合及协同，构造设计也是如此，环境工程师建模分析构造方案的有效性，结构工程师验算建造方案，建筑公司验证安装的可靠性，这些都需要协同配合。

奥地利格拉茨现代美术馆是一个技术复杂、工期紧、预算低的建筑，气泡式的树脂玻璃"变色龙"皮肤是设计的难点。建筑师彼得·库克团队与结构工程师、设备工程师一起完成了复杂气泡表皮设计。博林格和格罗曼结构事务所采用犀牛软件，通过拖曳参数重力点生成三维模型，完成结构分析和设计。现实联合组埃德勒兄弟设计的电子幕墙可以发布投影、动画、展览消息，赋予了建筑可变化的数码表情（图 10-5）。

10.3　数字协同

图 10-6　路易·威登基金会艺术博物馆

借助 BIM 技术，建筑师将自己的技术构思清晰地表达传递给结构工程师、设备工程师和材料制造商等合作者。巴黎路易·威登基金会艺术博物馆将参与人员有效组织起来，保证了技术正确合理的运用。

图 10-7　路易·威登基金会艺术博物馆 BIM 技术架构

超过 15 个分布全球的团队；超过 400 位 BIM 模型用户；近 1000 亿字节的 BIM 模型数据；19000 块数控成型的玻纤增强混凝土板；3500 块数控弯曲成型的玻璃面板。

建筑师应密切关注新技术、新材料的运用，甚至是其他领域，如航空航天、机械制造和自动控制等方面的发展。建筑信息模型（BIM 技术）是在吸收制造业建造技术的基础上，建立的建筑信息综合数据库，其包含大量建材和建筑构造、工艺等信息，可广泛用于建筑设计及建筑行业各个方面。由于可以在建筑信息模型中附加材料的传热系数、表面换热系数、容重和各种力学指标等多种信息，这为构造设计开展实时性能分析、能耗分析、结构分析创造了条件。建筑师可以利用 Ecotect、Fluent 和 Simulex 等工具解决日照、风力、能量、消防、阴影等问题，也可以通过计算机数字控制激光、水刀和快速成型设备完成建筑构配件的构思制作。由弗兰克·盖里设计的巴黎路易·威登博物馆从设计到建造 BIM 技术贯穿始终（图 10-6~图 10-9）。

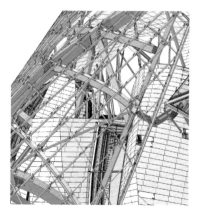

图 10-8　幕墙数字信息模型

图 10-9　计算机数字控制技术完成定制构件

10.4 建筑师的发明

图 10-10　玻璃管天窗与树柱营造的空间氛围

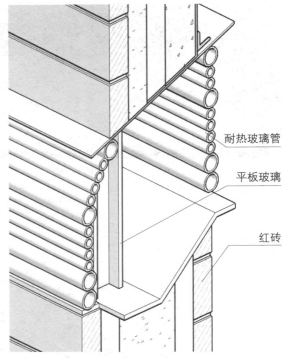

图 10-11　约翰逊制蜡公司玻璃管窗

图 10-12　玻璃管界面的细部设计

图 10-13　1950 年，工人在安装耐热管墙上的
　　　　　氯乙烯树脂衬垫

1）弗兰克·劳埃德·赖特

　　1939 年弗兰克·劳埃德·赖特设计的约翰逊制蜡公司研究大楼采用玻璃管作为窗材料。两种直径的耐热玻璃管组合替代了窗户和天窗，双层玻璃管形成空腔增强绝热性能，在玻璃管之间的横向连接上，采用较细的玻璃插件与相同直径的玻璃管相连；纵向处理上，玻璃管固定在竖向铝架之间，端头柔性氯乙烯树脂垫密封，提供形变余量。玻璃管可以插入转轴清洗。玻璃管组合替代了窗户的功能，同时界定了空间，使空间显得自由而动态，光影柔和且随时间不断变化（图 10-10~图 10-13）。

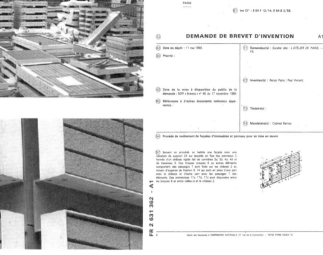

图 10-14　巴黎 IRCAM 大楼陶土砖外墙

图 10-16　陶土砖构造专利示例

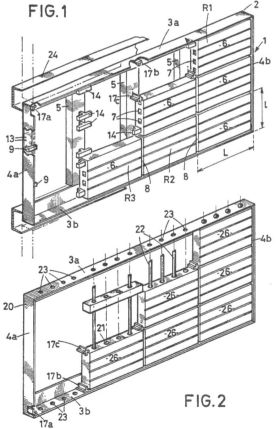

图 10-15　专利说明书附图示例

2）伦佐·皮亚诺

伦佐·皮亚诺是在现代建筑中最早探讨使用陶土建筑材料的建筑师之一。1988 年，在法国音乐与声学协调及研究学院项目中，他发明了一种 300mm×210mm 的陶土砖构造方法，以便建筑符合巴黎传统建筑肌理。陶土砖由铝质金属杆串接后再固定在预制框架上，起到雨屏的作用，陶土板与墙壁之间保留了透气缝，确保外立面的通风透气。通过这种构造方法，板条可以快速、精确安装，黏土板次品也容易替换，这项发明皮亚诺申请了专利。后来，他进一步改进陶土板的构造，在里昂国际城项目中使用了更大的和弯曲陶土板，尺寸从 0.2m 到 1.4m 不等，包括角部弯曲构件达 20 种陶土板模块（图 10-14~图 10-16）。

图 10-17　南立面日光反射板

图 10-18　北立面日光反射板

3）托马斯·赫尔佐格

2003 年建成的德国建筑工业养老金基金会办公楼由托马斯·赫尔佐格设计，这个作品立面系统不同于传统建筑构件的多功能复合（如窗同时具备采光和通风的功能），而是将立面功能元素分离后重新组合，综合保温隔热、自然采光、自然通风和遮阳构造。北立面固定日光反射板可将自然光反射到房间内部的顶棚上，使室内均匀照明。南立面活动日光反射板在天空阴暗时将自然光反射室内，阳光照射强烈时，构件则转到垂直方向，发挥遮阳板的作用。反射板的下部安装了人工照明装置，传感器自动控制，在需要时打开补充照明（图 10-17~ 图 10-19）。

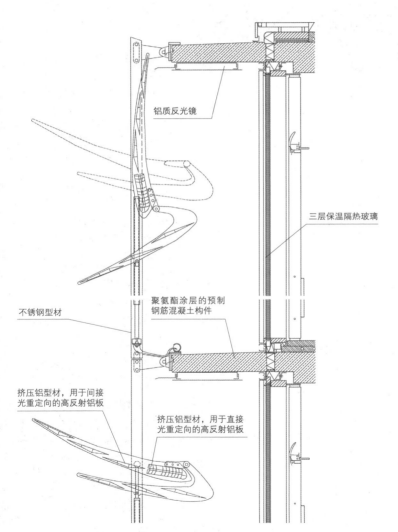

铝质反光镜

三层保温隔热玻璃

不锈钢型材

聚氨酯涂层的预制钢筋混凝土构件

挤压铝型材，用于间接光重定向的高反射铝板

挤压铝型材，用于直接光重定向的高反射铝板

图 10-19　南立面外墙系统

南立面可调节装置可以在天空阴暗的时候，将天光反向射到楼地板的位置上。当阳光照射时，构件则转到垂直方向的遮阳位置上。

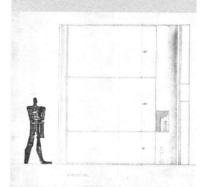

第 **11** 章

阅读导引

　　毫无疑问地说，建筑师的成功实践是在他四十岁之后。

　　　　　　　　　　——奥托·瓦格纳

　　作为一名建筑师，须具备多个领域的相关知识。如果希望在建筑这个领域有所作为，就要做好长期的准备。

11.1 网站

教材	·········➤	综合
网站	·········➤	时效
杂志	·········➤	专业
书籍	·········➤	深度
规范	·········➤	权威
图集	·········➤	实用

图 11-1　学习资料

学习构造知识除了教材杂志和书籍之外，互联网因其迅速、便捷、互动的优势，正在成为另一个重要渠道，许多书籍杂志也有网络版，可以在线阅读。

网址 http://www.archiexpo.com
1999 年成立于法国，是全球最大的建筑产品在线平台之一，包括各类最新建材的虚拟建筑展。主要特点是产品分类清晰，品种丰富，有产品手册和产品视频等，可以了解到国际上最新的建筑材料及发展趋势。

网址 http://jc.zhulong.com
筑龙建材网是门户网站，网站内容涵盖建筑设计、施工、造价、项目管理等各方面。在这个网站可以了解到国内建筑材料现状和价格，而且可以有新产品手册下载。

网址 http://www.abbs.com.cn 和 http://bbs.co188.com
ABBS 建筑论坛和土木论坛有专门的建筑构造讨论区，提供了网上交流学习平台。

网址 http://www.bml365.com
建材 U 选和建构物语通过网站、微信公众号媒介，发布建筑设计、建材产品设计、施工技术信息，是建筑师的网上建材图书馆和样本库。

意大利建筑师伦佐·皮亚诺回顾自己建筑师生涯，谈到自己何时成熟时，说了两点："一是能与他人共事，二是对细部构造的掌控。"优秀的建筑离不开精心的细部设计，建筑"品质"在构造上有直接体现。在工作中，我们常会感到构造知识的欠缺，这一方面的原因是构造涉及建筑材料、建筑结构、建筑物理等等，很难短时间把众多内容融会贯通，另一方面，知识和经验的获得需要时间，从学校开始的学习需要在实践中不断继续和更新。实践、展览、旅行和互联网、书籍、期刊等都能够成为建筑师自我教育的有效途径。

美国建筑师伊利尔·沙里宁说："设计一样东西通常需要把它置于它所属的更大的环境中来衡量——就像将椅子置于一个房间中；将房间置于一栋房子中；将一栋房子置于周围的环境中；将周围的环境置于整个城市的布局之中。"如果将其理解为细部与整体的关系，那么我们也可以从细部构造学术资源的数量和品质上，推测出国家建筑工业化水准、普通建筑的精致程度以及建筑师对技术理性的重视程度。

网站

11.2 杂志与图书

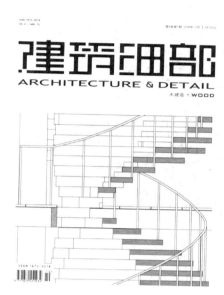

图 11-2 建筑细部

具有广泛影响力，重点介绍建筑细部构造的杂志，已经有 47 年的历史，销售遍及全球 80 多个国家。就像刊名一样，杂志强调的是细微之处去表现建筑，并辅以高质量的构造图加以诠释。已有中文版出版。

图 11-3 建筑技艺

国内建筑杂志，强调艺术和技术的结合，特别突出节点细部构造和实施技术。

杂志

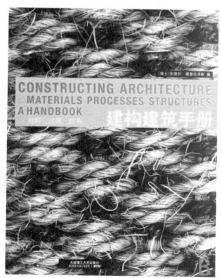

图 11-4 建构建筑手册

从材料和构造要素的角度对建筑分类，但把专业知识与建筑文化背景结合，给读者带来的启示是如果能够掌握构造技术的原理，就可以有效地将作品上升为艺术。

图 11-5 国外建筑设计详图图集

这套丛书共 16 册，内容简洁易懂。丛书中包括著名建筑师和事务所的专辑，读者可以了解到这些建筑师是如何游刃有余、张弛有度地通过细部构造展示一个又一个建筑精品的。日本彰国社出版了很多高质量的构造图书。

书籍

Construction Materials Manual

构造材料手册

HEGGER
AUCH-SCHWELK
FUCHS
ROSENKRANZ

大连理工大学出版社
EDITION DETAIL

图 11-6　构造手册系列丛书
DETAIL 杂志社编辑的构造手册系列丛书，内容广泛，许多实例从创新的角度阐释了材料的应用，是重要的参考工具书。

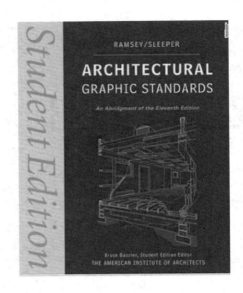

图 11-7　建筑图解（学生版）
美国 John Wiley & Sons 出版社自 1932 至今出版十个版本，被称为"建筑师的圣经"。2000 年开始出版精简的学生版，非常直观地以图形方式介绍标准、材料、设备和各种类型房屋构造细节。

图 11-8　现代建筑细部
对现代建筑众多名家名作进行分析的巨著，建筑构造信息丰富，有超过 500 副插图和数百精心绘制的细部图纸。

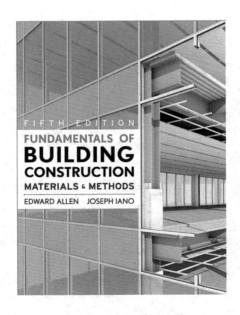

图 11-9　建筑构造基础
美国 John Wiley & Sons 出版社出版。将建筑材料、建筑结构、构造做法融合在一起介绍，共 24 章，内容全面，图文并茂，适合初学者阅读，已出版了 5 版，因为是面向欧美读者，书中木结构和中低层房屋的外墙构造体系在我国使用不多。

书籍

参考书目

[1] 同济大学 西安建筑科技大学 东南大学 重庆建筑大学编，房屋建筑学（第三版）. 北京：中国建筑工业出版社，1997.6.

[2] 颜宏亮编. 建筑构造. 上海：同济大学出版社，2010. 8.

[3] 刘昭如编著. 建筑构造设计基础. 北京：科学出版社，2001.4.

[4] 樊振和编著. 建筑构造原理与设计. 天津：天津大学出版社，2004.10.

[5] 本社编. 现行建筑设计规范大全. 北京：中国建筑工业出版社，2014.7.

[6] 本社编. 新版建筑工程施工质量验收规范汇编（修订版）. 北京：中国建筑工业出版社，2005.10.

[7] 弗朗西斯 D．K．程，卡桑德拉·阿当姆斯著；杨娜，孙静，曹艳梅译. 房屋建筑图解. 北京：中国建筑工业出版社，2004.9.

[8] 斯蒂芬·埃米特，约翰·奥利，彼得·施密德著；柴瑞，黎明，许健宇译. 建筑细部法则. 北京：中国电力出版社，2006.3.

[9] 塞西尔·巴尔蒙德著；李寒松译. 异规. 北京：中国建筑工业出版社，2008.4.

[10] 托马斯·赫尔佐格 建筑＋技术，英格伯格·弗拉格等编；李保峰译，北京：中国建筑工业出版社，2003.8.

[11] 本社编. 新版建筑工程施工质量验收规范汇编（修订版）. 北京：中国建筑工业出版社，2005.10.

[12] 弗雷德·纳西德著；顾惠民 余善沐译. 简捷图示外墙细部设计手册. 北京：中国建筑工业出版社，2001.11.

[13] 安德烈·德普拉泽斯编；任铮钺等译. 建构建筑手册. 大连：大连理工大学出版社，2007.8.

[14] 黄喆昊著. 崔正秀译. 建筑名作细部设计与分析. 北京：中国建筑工业出版社，2007.11.

[15] 林同炎 .S・D・斯多台斯伯利著；高立人 方鄂华 钱稼茹译. 结构概念和体系. 北京：中国建筑工业出版社，1999.

[16] 爱德华·艾伦著；刘晓光，王丽华，林冠兴译. 建筑初步. 北京：知识产权出版社，2003.1.

[17] 斯蒂芬·基兰，詹姆斯·廷伯莱克著；何清华，祝迪飞，谢琳琳，李永奎译. 北京：中国建筑工业出版社，2009.10.

[18] Graham Bizley. Architecture in Detail. Oxford：Elsevier Ltd，2008.

[19] Arthur Lyons. Materials for Architects & Builders, Oxford: Elsevier Ltd.2007.

[20] Keith Styles and Andrew Bichard. Working Drawings Handbook, Oxford: Elsevier Ltd.2004.

[21] Alan J. Brookes Maarten Meijs. Cladding of Buildings, New York: Taylor & Francis, 2008.

[22] Edward Allen and Joseph Iano. Fundamentals of Building Construction Materials and Methods, Hoboken: John Wiley & Sons，Inc.2009.

后　记

　　建筑构造课程内容繁多，本书只是选择若干问题进行探讨，力求同学们透过表面上分散的、并不相互关联的问题和图例，触类旁通，对构造设计有一个整体的把握，激发自己的研究兴趣，形成自己的观点。

　　《周易·系辞》曰："形而上者谓之道，形而下者谓之器。"从构造设计的角度看，道就是原理与方法；器就是手段与技术。构造设计强调对材料和技术的可能性关注，通过物质表现形式的多样化表现建筑师的理念与情趣，同时尊重使用者的利益与需求。建筑师应在有限物质和技术条件下，以"道"为体，以"器"为用，在大量普通建筑物的建造实践中，探索推动建筑技术进步的道路。

　　大学是一个互相交流知识的地方。对一个教师来说，写教学参考书与其说是完成传授知识的任务，不如说是在理清自己的知识，这一过程让我收益颇多。

　　本书从立项到出版将近三年时间，一路走来，得到许多人的关心和帮助。感谢颜宏亮教授的审阅；感谢 ALFREDO FERNÁNDEZ GONZÁLEZ 教授提供的资料；感谢陈桦编辑和王惠编辑的辛苦工作；感谢家人，家人的支持使我能够坚持完成这本书的写作。

　　对所阅读的各种文献作者表示深深感谢，是他们帮助我完成这一学习过程。

胡向磊

2018.10 上海

图书在版编目（CIP）数据

建筑构造图解/胡向磊编著. —2版. —北京：中国建筑工业出版社，2019.1（2021.12重印）

住房城乡建设部土建类学科专业"十三五"规划教材. 高校建筑学专业规划推荐教材

ISBN 978−7−112−23044−0

Ⅰ.①建… Ⅱ.①胡… Ⅲ.①建筑构造−高等学校−教材 Ⅳ.①TU22

中国版本图书馆CIP数据核字（2018）第227492号

责任编辑：王　惠　陈　桦
责任校对：张　颖

为了更好地支持相应课程的教学，我们向采用本书作为教材的教师提供课件，有需要者可与出版社联系。
建工书院：http://edu.cabplink.com
邮箱：jckj@cabp.com.cn　电话：（010）58337285

住房城乡建设部土建类学科专业"十三五"规划教材
高校建筑学专业规划推荐教材
建筑构造图解（第二版）
胡向磊　编著
＊
中国建筑工业出版社出版、发行（北京海淀三里河路9号）
各地新华书店、建筑书店经销
北京雅盈中佳图文设计公司制版
北京市密东印刷有限公司印刷
＊
开本：787×1092毫米　1/16　印张：15　字数：418千字
2019年3月第二版　2021年12月第五次印刷
定价：49.00元（赠教师课件）
ISBN 978−7−112−23044−0
　　　　　（33130）